电脑艺术设计系列教材

Premiere Pro CC 2015 中文版
基础与实例教程

第4版

张　凡　等编著

设计软件教师协会　　审

机 械 工 业 出 版 社

本书属于实例类图书。全书分为 3 个部分，共 7 章。第 1 部分为基础入门，主要介绍了影视剪辑基础理论和 Premiere 的基础知识；第 2 部分为基础实例演练，通过大量典型和具有代表性的实例讲解了关键帧动画和时间线嵌套、视频切换、视频特效、字幕的具体应用；第 3 部分为综合实例演练，讲解了两个实例的具体制作方法，涉及前面各章知识，并且对部分实例采用了多种方法，旨在拓宽读者的思路，做到举一反三。本书内容全面、由浅入深。初学者可从基础入门部分开始学习，有一定基础的读者，可从基础实例演练部分开始学习。读者通过本书可以全面、系统地掌握 Premiere Pro CC 2015 的使用技巧。同时为了帮助大家学习，本书通过网盘（获取方式请见封底）提供全部实例的素材和效果文件，以及相关的高清晰度的多媒体影像教学文件和基础入门部分的电子课件。

本书内容丰富、实例典型、讲解详尽，可作为大专院校相关专业师生和社会培训班学员的教材，也可作为视频编辑爱好者的自学和参考用书。

图书在版编目（CIP）数据

Premiere Pro CC 2015 中文版基础与实例教程 / 张凡等编著. — 4 版. —北京：机械工业出版社，2018.2（2022.7 重印）

电脑艺术设计系列教材

ISBN 978-7-111-60250-7

Ⅰ.① P… Ⅱ.①张… Ⅲ.①视频编辑软件－教材 Ⅳ.① TN94

中国版本图书馆 CIP 数据核字（2018）第 133292 号

机械工业出版社（北京市百万庄大街 22 号 邮政编码 100037）
责任编辑：郝建伟 责任校对：张艳霞
责任印制：李 昂

北京中科印刷有限公司印刷

2022 年 7 月第 4 版·第 6 次印刷
184mm×260mm·17.5 印张·2 插页·424 千字
标准书号：ISBN 978-7-111-60250-7
定价：55.00 元

电话服务　　　　　　　　　网络服务
客服电话：010-88361066　　机 工 官 网：www.cmpbook.com
读者购书：010-88379833　　机 工 官 博：weibo.com/cmp1952
读者购书：010-68326294　　金 书 网：www.golden-book.com
封底无防伪标均为盗版　　机工教育服务网：www.cmpedu.com

前　言

Premiere Pro CC 2015 是由著名的 Adobe 公司开发的视频编辑软件，使用它可以编辑和制作电影、DV、栏目包装、字幕、网络视频、演示、电子相册等，还可以编辑音频内容。目前随着计算机硬件的不断升级，以及 Premiere 功能和易用性的增强，Premiere 在全球备受青睐。

本书是由设计软件教师协会"Adobe 分会"组织编写的。全书通过大量的精彩实例将艺术灵感和计算机技术结合在一起，全面阐述了 Premiere Pro CC 2015 的使用方法和技巧。

本书属于实例教程类图书，旨在帮助读者用较短的时间掌握 Premiere 软件。全书分为 3 部分，共 7 章，每章前面均有"本章重点"，每章最后均有"课后练习"，以便读者学习该章内容后可以自己进行相应的操作。每个实例都包括"制作要点"和"操作步骤"两部分，对于步骤过多的实例还有制作流程，以帮助读者理清思路，便于读者操作。为了便于大家学习，本书通过网盘提供大量的多媒体影像文件，具体获取方式请见封底。

本书另一大特色就是不仅讲解了 Premiere Pro CC 2015 的使用，而且对一些常用的影视剪辑基础理论做了具体介绍，从而使读者在今后的工作中能够做到理论联系实际。

本书是设计软件教师协会推出的系列教材之一，具有内容丰富、实例典型等特点。全部实例是由多所院校（中央美术学院、北京师范大学、清华大学美术学院、北京电影学院、中国传媒大学、天津美术学院、天津师范大学艺术学院、首都师范大学、山东理工大学艺术学院、河北艺术职业学院等）具有丰富教学经验的知名教师和一线优秀设计人员从长期教学和实际工作中总结出来的。参与本书编写的人员有张凡、李岭、郭开鹤、王岸秋、吴昊、芮舒然、左恩媛、尹棣楠、马虹、章建、李欣、封昕涛、周杰、卢惠、马莎、薛昊、谢菁、崔梦男、康清雨、张智敏、王上、谭奇、顾伟、冯贞、李松、程大鹏、李波、宋兆锦、于元青、韩立凡、曲付、李羿丹、田富源、刘翔、何小雨。

本书可作为大专院校相关专业师生和社会培训班学员的教材，也可作为视频编辑爱好者的自学和参考用书。

由于编者水平有限，书中不妥之处，敬请读者批评指正。

作者网上答疑邮箱：zfsucceed@163.com

编　者

目　录

第2部分 基础实例演练

第3部分 综合实例演练

第 1 部分　基础入门

- ■ 第 1 章　影视剪辑基础理论
- ■ 第 2 章　Premiere Pro CC 2015 的基础知识

第 1 章　影视剪辑基础理论

本章重点

随着数字技术的兴起，影片剪辑早已由直接剪接胶片演变为借助计算机进行数字化编辑。然而，无论通过怎样的方法来编辑视频，其实质都是组接视频片段的过程。不过，要想让组接的片段符合人们的逻辑思维，并使其具有艺术性和欣赏性，就需要视频编辑人员掌握相应的理论和视频编辑知识。通过本章的学习，读者应掌握景别、运动镜头技巧、镜头剪辑的一般规律和数字视频编辑的相关知识，以便为后面的学习打下良好的基础。

1.1　景别

景别又称镜头范围，它是镜头设计中的一个重要概念，是指角色对象和画面在屏幕框架结构中所呈现的大小和范围。不同景别可以引起观众不同的心理反应。景别一般分为远景、全景、中景、近景和特写 5 种，下面进行具体讲解。

1.1.1　远景

远景是视距最远的景别。它视野广阔、景深悠远，主要表现远距离的人物和周围广阔的自然环境和气氛，内容的中心往往不明显。远景以环境为主，可以没有人物，即使有人物也仅占很小的部分。它的作用是展示巨大的空间、介绍环境、展现事物的规模和气势，拍摄者也可以用它来抒发自己的情感。使用远景的持续时间应在 10s 以上。如图 1-1 所示为远景画面效果。

图 1-1　远景画面效果

1.1.2　全景

全景包括被拍摄对象的全貌和它周围的环境。与远景相比，全景有明显的作为内容中心、结构中心的主体。在全景画面中，无论是人还是物体，其外部轮廓线条及相互间的关系，都能得到充分的展现，环境与人的关系更为密切。

全景的作用是确定事物、人物的空间关系，展示环境特征，表现节目某一段发生的地点，为后续情节定向。同时，全景有利于表现人和物的动势。使用全景时，持续时间应在 8s 以上。如图 1-2 所示为全景画面效果。

图 1-2　全景画面效果

1.1.3　中景

中景包括对象的主要部分和事物的主要情节。在中景画面中，主要的人和物的形象及形状特征占主要成分。使用中景画面，可以清楚地看到人与人之间的关系和感情交流，也能看清人与物、物与物的相对位置关系。因此，中景是拍摄中较常用的景别。

用中景拍摄人物时，多以人物的动作、手势等富有表现力的局部为主，环境则降到次要地位，这样更有利于展现事物的特殊性。使用中景时，持续时间应在 5s 以上。如图 1-3 所示为中景画面效果。

图 1-3　中景画面效果

1.1.4　近景

近景包括拍摄对象更为主要的部分（如人物上半身），用以细致地表现人物的精神和物体的主要特征。使用近景，可以清楚地表现人物的面部表情和细微动作，容易产生交流。使用近景时，持续时间应在 3s 以上。如图 1-4 所示为近景画面效果。

图 1-4　近景画面效果

1.1.5 特写

特写是表现拍摄主体对象某一局部（如人肩部以上及头部、手或脚等）的画面，它可以进行更细致的展示，揭示特定的含义。特写反映的内容比较单一，起到放大形象、深化内容、强化本质的作用。在具体运用时主要用于表达、刻画人物的心理活动和情绪特点，起到震撼人心、引起注意的作用。

特写空间感不强，常常被用于转场时的过渡画面。特写能给人以强烈的印象，因此在使用时要有明确的针对性和目的性，不可滥用。特写持续时间应在 1s 以上。如图 1-5 所示为特写画面效果。

图 1-5　特写画面效果

1.2　运动镜头技巧

运动镜头技巧，就是利用摄像机在推、拉、摇、移、升等形式的运动中进行拍摄的方式，是突破画框边缘的局限、扩展画面视野的一种方法。

运动镜头技巧必须符合人们观察事物的习惯，在表现固定景物较多的内容时运用运动镜头，可以变固定景物为活动画面，从而增强画面的活力。利用 Premiere Pro CC 2015 可以模拟出各种运动镜头效果，下面就来具体讲解运动镜头的种类。

1.2.1 推镜头

推镜头又称伸镜头，是指摄像机朝视觉目标纵向推近来拍摄动作，随着镜头的推近，被拍摄的范围会逐渐缩小。推镜头能使观众压力感增强，镜头从远处往近处推的过程是一个积蓄力量的过程，随着镜头的不断推近，这种力量感会越来越强，视觉冲击也越来越强。如图 1-6 所示为推镜头的画面效果。

图 1-6　推镜头的画面效果

推镜头分为快推和慢推两种。慢推可以配合剧情需要，产生舒畅自然、逐渐将观众引入戏中的效果；快推可以产生紧张、急促、慌乱的效果。

1.2.2　拉镜头

拉镜头又称缩镜头，是指摄像机从近到远纵向拉动，视觉效果是从近到远的，画面范围也是从小到大不断扩大的。

拉镜头通常用来表现主角正在离开当前场景。拉镜头与人步行后退的感觉很相似，因此，不断拉镜头带有强烈的离开意识。如图 1-7 所示为拉镜头的画面效果。

图 1-7　拉镜头的画面效果

1.2.3　摇镜头

摇镜头是指摄像机的位置不动，只做角度的变化，可以左右摇或上下摇，也可以斜摇或旋转摇。其目的是对被拍摄主体的各部位逐一展示，或展示规模，或巡视环境等。其中最常见的摇镜头是左右摇，在电视节目中经常使用。如图 1-8 所示为摇镜头的画面效果。

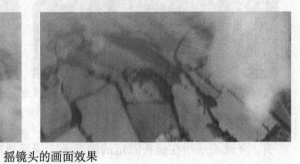

图 1-8　摇镜头的画面效果

1.2.4　移镜头

移镜头是指摄像机沿水平方向移动并同时进行拍摄。这种镜头的作用是为了表现场景中的人与物、人与人、物与物之间的空间关系，或者将一些事物连贯起来加以表现。它与摇镜头有相似之处，都是为了表现场景中的主体与陪体之间的关系，但是在画面上给人的视觉效果是完全不同的。摇镜头是指摄像机的位置不动，拍摄角度和被拍摄物体的角度在变化，适合拍摄远距离的物体。而移镜头则不同，它是指拍摄角度不变，摄像机本身位置移动，与被拍摄物体的角度无变化，适合拍摄距离较近的物体和主体。如图 1-9 所为移镜头的画面效果。

图1-9　移镜头的画面效果

1.2.5　跟镜头

跟镜头是指摄像机始终跟随拍摄一个在行动中的表现对象，以便连续而详尽地表现它的活动情形，或在行动中的动作及表情等。跟镜头又分为跟拉、跟摇、跟升、跟降等。如图1-10所示为影片中的主人公开着摩托车穿过集市，然后下车跑步冲进医院的跟镜头的画面效果。

图1-10　跟镜头的画面效果

1.2.6　升/降镜头

升/降镜头是指在镜头固定的情况下，摄像机本身垂直位移。这种镜头大多用于场面的拍摄，它不仅能改变镜头视觉和画面空间，而且有助于表现戏剧效果和气氛渲染。如图1-11所示为降镜头的画面效果。

图1-11　降镜头的画面效果

1.3　镜头组接的基础知识

无论怎样的影视作品，结构上都是将一系列镜头按一定次序组接后所形成的。然而，这些镜头之所以能够延续下来，并使观众将它们接受为一个完整融合的统一体，是因为这些镜头间的发展和变化秉承了一定的规律。下面就来讲解一些镜头组接时的规律与技巧。

1.3.1　镜头组接规律

为了清楚地向观众传达某种思想或信息，组接镜头时必须遵循一定的规律，归纳后可分为以下几点。

1. 符合观众的思维方式与影片表现规律

镜头的组接必须符合生活与思维的逻辑关系。如果影片没有按照上述原则进行编排，必然会由于逻辑关系的颠倒而使观众难以理解。

2. 景别的变化要采用"循序渐进"的方法

通常来说，一个场景内"景"的发展不宜过分剧烈，否则便不利于与其他镜头进行组接。相反，如果"景"的变化不大，同时拍摄角度的变换也不大，也不利于同其他镜头组接。

例如，在编排同机位、同景别，恰巧又是同一主体的两个镜头时，由于画面内景物的变化较小，因此将两个镜头简单组接后会给人一种镜头不停重复的感觉。在这种情况下，除了重新进行拍摄外，还可采用过渡镜头，使表演者的位置、动作发生变化后再进行组接。

3. 镜头组接中的拍摄方向与轴线规律

所谓"轴线规律"，是指在多个镜头中，摄像机的位置应始终位于主体运动轴线的同一线，以保证不同镜头内的主体在运动时能够保持一致的运动方向。否则，在组接镜头时，便会出现主体"撞车"的现象，此时的两组镜头便互为跳轴画面。在视频的后期编辑过程中，跳轴画面除了特殊需要外基本无法与其他镜头组接。

4. 遵循"动接动""静接静"的原则

当两个镜头内的主体始终处于运动状态，且动作较为连贯时，可以将动作与动作组接在一起，从而达到顺畅、简洁过渡的目的，该组接方法称为"动接动"。

与之相应的是，如果两个镜头的主体运动不连贯，或者它们的画面之间有停顿，则必须在前一个镜头内的主体完成一套动作后，才能与第二个镜头相组接。并且，第二个镜头必须是从静止的镜头开始的，该组接方法称为"静接静"。在"静接静"的组接过程中，前一个镜头结尾时停止的片刻叫"落幅"，后一个镜头开始时静止的片刻叫"起幅"，起幅与落幅的时间间隔大约为 1s～2s。此外，在将运动镜头和固定镜头相互组接时，同样需要遵循这个规律。例如，一个固定镜头需要与一个摇镜头组接时，摇镜头开始要有"起幅"；当摇镜头要与固定镜头组接时，摇镜头结束时必须有"落幅"，否则组接后的画面便会给人一种跳动的视觉感。

提示：摇镜头是指在拍摄时，摄像机的机位不动，只有机身做上、下、左、右的旋转等运动。在影视创作中，摇镜头可用于介绍环境、从一个被拍摄主体转向另一个被拍摄主体、表现人物运动、表现剧中人物的主观视线、表现剧中人物的内心感受等。

1.3.2　镜头组接的节奏

在一部影视作品中，作品的题材、样式、风格，以及人物的情绪、情节的起伏跌宕等元素都是确定影片节奏的依据。然而，要想让观众能够很直观地感觉到这一节奏，不仅需要通过演员的表演、镜头的转换和运动，以及场景的时空变化等前期制作因素，还需要运用组接的手段，严格掌握镜头的尺寸、数量与顺序，并在删除多余枝节后才能完成。也就是说，镜头组接是控制影片节奏的最后一个环节。

1.3.3　镜头组接的时间长度

在剪辑、组接镜头时，每个镜头停留时间的长短，不仅要根据内容的难易程度和观众的接受能力来决定，还要考虑到画面构图及画面内容等因素。例如，在处理远景、中景等包含内容较多的镜头时，便需要安排相对较长的时间，以便观众看清这些画面上的内容；对于近景、特写等空间较小的画面，由于画面内容较少，因此可适当减少镜头的停留时间。

此外，画面内的一些其他因素也会对镜头停留时间的长短起到制约作用。例如，画面内较亮的部分往往比较暗的部分更能引起人们的注意，因此在表现较亮的部分时可适当减少停留时间；如果要表现较暗的部分，则应适当延长镜头的停留时间。

1.4　数字视频基础

本节将对数字视频相关的基础知识做一个总体讲解。

1.4.1　像素

像素（Pixels）是指形成图像的最小单位。像素是一个个有色方块，如果把数码图像不断放大，就会看到，它是由许多像素以行和列的方式排列而成的。

像素具有颜色信息，可以用 bit（比特）来度量。像素分辨率是由像素含有几比特的颜色属性来决定的，例如，1 比特可以表现白色和黑色两种颜色；2 比特则可以表示 2^2（即 4）种颜色。通常所说的 24 位视频，是指具有 2^{24}（即 16 777 216）个颜色信息的视频。

图像文件包含的像素越多，其所包含的信息也就越多，文件也就越大，图像品质也就越好。

1.4.2　帧频与分辨率

帧频指每秒显示的图像数（帧数）。如果想让动作比较自然，每秒大约需要显示 10 帧。如果帧数小于 10，画面就会凸起；如果帧数大于 10，播放的动作会更加自然。制作电影通常采用 24f/s（帧 / 秒），制作电视节目通常采用 25f/s。根据使用制式的不同，各国之间也略有差异。

分辨率是通过普通屏幕上的像素数来显示的，显示的形态是"水平像素数 × 垂直像素数"（例如，640×480 像素和 800×600 像素）。在其他条件相同的情况下，分辨率越高，图像的画质越好。当然，这也需要硬件条件的支持。

1.4.3　场

视频素材分为交错式和非交错式。当前大部分广播电视信号是交错式的，而计算机图形软件（包括 Premiere、After Effects）是以非交错式显示视频的。交错视频的每一帧由两个场（Field）构成，称为"上"扫描场和"下"扫描场，或奇场（Old Field）和偶场（Even Field）。这些场依顺序显示在 NTSC 或 PAL 制式的监视器上，能产生高质量的平滑图像。

场以水平分隔线的方式保存帧的内容，在显示时先显示第一个场的交错间隔内容，然后再显示第二个场来填充第一个场留下的缝隙。每一个 NTSC 制式视频的帧大约显示 1/30s，每一个场大约显示 1/60s，而 PAL 制式视频一帧的显示时间为 1/25s，每一个场为 1/50s。

在非交错视频中，扫描线是按从上到下的顺序全部显示的，计算机视频一般是非交错式的，电影胶片类似于非交错视频，它们是每次显示整个帧的。

1.4.4　电视制式

在电视中播放的电视节目都是经过视频编辑处理得到的。由于世界上各个国家对电视影像制定的标准不同，其制式也有一定的区别。电视制式的出现，保证了电视机、视频及视频播放设备之间所用标准的统一或兼容，为电视行业的发展做出了极大的贡献。目前世界上的电视制式分为 NTSC 制式、PAL 制式和 SECAM 制式 3 种。在 Premiere Pro CC 2015 中新建视频项目时，也需要对视频制式进行具体设置。

1. NTSC 制式

NTSC 制式是由美国国家电视标准委员会（National Television System Committee）制定的，主要应用于美国、加拿大、日本、韩国、菲律宾等国家。该制式采用了正交平衡调幅的技术方式，因此 NTSC 制式也称为正交平衡调幅制电视信号标准。该制式的优点是视频播出端的接收电路较为简单。不过，由于 NTSC 制式存在相位容易失真、色彩不太稳定（易偏色）等缺点，因而此类电视都会提供一个手动控制的色调电路供用户选择使用。

符合 NTSC 制式的视频播放设备至少拥有 525 行扫描线、分辨率为 720×480 电视线，工作时采用隔行扫描的方式进行播放，帧速率为 29.97f/s，因此每秒播放 60 场画面。

2. PAL 制式

PAL 制式是在 NTSC 制式基础上的一种改进方案，其目的主要是为了克服 NTSC 制式对相位失真的敏感性。PAL 制式的原理是将电视信号内的两个色差信号分别采用逐行倒相和正交调制的方法进行传送。这样一来，当信号在传输过程中出现相位失真时，便会由于相邻两行信号的相位相反而起到互相补偿的作用，从而有效地克服了因相位失真而引起的色彩变化。此外，PAL 制式在传输时受多径接收而出现彩色重影的影响也较小。不过，PAL 制式的编 / 解码器较 NTSC 制式的相应设备要复杂许多，信号处理也较麻烦，接收设备的造价也较高。

PAL 制式也采用了隔行扫描的方式进行播放，共有 625 行扫描线，分辨率为 720×576 电视线，帧速率为 25f/s。目前，PAL 彩色电视制式广泛应用于德国、中国、英国、意大利等国家。然而即便采用的都是 PAL 制式，不同国家和地区的 PAL 制式电视信号也有一定的差别。例如，我国采用的是 PAL-D 制式，英国采用的是 PAL-I 制式，新加坡采用的是 PAL-B/G 或 D/K 制式等。

3. SECAM 制式

SECAM 制式意为"顺序传送彩色信号与存储恢复彩色信号制式"，是由法国在 1966 年制定的一种彩色电视制式。与 PAL 制式相同的是，该制式也克服了 NTSC 制式相位易失真的缺点，但在色度信号的传输与调制方式上却与前两者有着较大差别。总体来说，SECAM制式的特点是彩色效果好、抗干扰能力强，但兼容性相对较差。

在使用中，SECAM制式同样采用了隔行扫描的方式进行播放，共有625行扫描线，分辨率为720×576电视线，帧速率与PAL制式相同。目前，该制式主要应用于俄罗斯、法国、埃及、罗马尼亚等国家。

1.4.5　隔行扫描与逐行扫描

如果想把视频制作成可以在普通电视机中播放的格式，还需要对视频的帧频有所了解。非数字的标准电视机显示的都是逐行扫描的视频，在电子束接触到荧光屏的同时，会被投射到屏幕的内部，这些荧光成分会发出人类所能看到的光。在最初发明电视机的时候，荧光成分只能持续极短的时间，当电子束投射到画面的底部时，最上面的荧光成分已经开始变暗。为了解决这个问题，初期的电视机制造者设计了隔行扫描的系统。

也就是说，电子束最初是隔行进行投射的，然后再次返回，对中间忽略的光束进行投射。轮流投射的这两条线在电视信号中称为"上"扫描场（奇场）和"下"扫描场（偶场）。因此，每秒显示30帧的电视实际上显示的是每秒60个扫描场。

在使用计算机制作动画时，为了制作出更自然的动作，必须使用逐行扫描的图像。Adobe Premiere和Adobe After Effects可以准确地完成这项工作。通常，只有在电视机上显示的视频中才会出现帧或者场的问题。如果在计算机上播放视频，因为显示器使用的是隔行扫描的视频信号，所以不会发生这种问题。

1.4.6　画幅尺寸

数字视频作品的画幅大小决定了Premiere Pro CC 2015项目的宽度和高度。在Premiere Pro CC 2015中，画幅大小是以像素为单位进行衡量的。像素是计算机监视器上能显示的最小元素，如果正在工作的项目使用的是DV影片，那么通常使用DV标准画幅大小720×480像素，HDV视频摄像机（索尼和JVC）可以录制1280×720像素和1400×1080像素的大小。更昂贵的高清（HD）设备能以1920×1080像素进行拍摄。

1.4.7　非正方形像素与像素纵横比

在DV出现之前，多数台式机视频系统使用的标准画幅大小是640×480像素。计算机图像是由正方形像素组成的，因此640×480像素和320×240像素（用于多媒体）的画幅大小非常符合电视的纵横比（宽度与高度之比），即4∶3（每4个正方形横向像素对应3个正方形纵向像素）。

但是在使用720×480像素或720×486像素的DV画幅大小进行工作时，画面不是很清晰。这是因为如果创建的是720×480像素的画幅大小，那么纵横比就是3∶2，而不是4∶3的电视标准。如果要将720×480像素压缩为4∶3的纵横比，就要使用宽度更高的非正方形像素（矩形像素）。

如果对正方形与非正方形像素的概念感到迷惑，那么只需记住640×480像素能提供4∶3的纵横比。对于720×480像素画幅大小所带来的问题就是要将720像素的宽度如何转换为640像素。这里要用到一点数学知识：720乘以多少等于640？答案是0.9，即640是

720 的 9/10。因此，如果每个正方形像素都能削减到原来自身宽度的 9/10，那么就可以将 720 像素 ×480 像素转换为 4∶3 的纵横比。如果正在使用 DV 进行工作，可能会频繁地看到数值 0.9（即 0.9∶1 的缩写）。这称作纵横比。

1.4.8　SMPTE 时间码

在视频编辑中，通常用时间码来识别和记录视频数据流中的每一帧。从一段视频的起始帧到终止帧，其间的每一帧都有一个唯一的时间码地址。根据动画和电视工程师协会（Society of Motion Picture and Television Engineers，SMPTE）使用的时间码标准，其格式是∶小时∶分钟∶秒∶帧或 hours∶minutes∶seconds∶frames。一段长度为 00∶05∶15∶15 的视频片段的播放时间为 5 分钟 15 秒 15 帧，如果以每秒 30 帧的速率播放，则播放时间为 5 分钟 15.5 秒。

根据电影、录像和电视工业中使用的不同帧速率，各有其对应的 SMPTE 标准。由于技术的原因，NTSC 制式实际使用的速率是 29.97f/s 而不是 30f/s，因此在时间码与实际播放时间之间有 0.2% 的误差。为了解决误差问题，设计出丢帧（Drop-frame）格式，即在播放时每分钟要丢 2 帧（实际上是有两帧不显示，而不是从文件中删除），这样可以保证时间码与实际播放时间一致。与丢帧格式对应的是不丢帧（Nondrop-frame）格式，它忽略时间码与实际播放帧之间的误差。

1.4.9　数据压缩

数据压缩也称编码技术，准确地说应该称为数字编码、解码技术，是将图像或者声音的模拟信号转换为数字信号，并可将数字信号重新转换为声音或图像的解码器综合体。

随着科技的不断发展，原始信息往往很大，不利于存储、处理和传输。而使用压缩技术可以有效地节省存储空间，缩短处理时间，节约传送通道。一般数据压缩有两种方法∶一种是无损压缩，是将相同或相似的数据根据特征归类，用较少的数据量描述原始数据，达到减少数据量的目的；另一种是有损压缩，是有针对性地简化不重要的数据，减少总的数据量。

目前常用的影像压缩格式有 MOV、MPG、QuickTime 等。

1.5　常见数字视频和音频格式

非线性编辑的出现，使得视频影像的处理方式进入了数字时代。与之相应的是，影像的数字化记录方法也更加多样化。下面就来介绍一些目前常见的视频和音频格式。

1.5.1　常用视频格式

随着视频编码技术的不断发展，视频文件的格式种类也不断增多。为了更好地编辑影片，必须熟悉各种常见的视频格式，以便在编辑影片时能够灵活使用不同格式的视频素材，或者根据需要将制作好的影视作品输出为最适合的视频格式。下面就来介绍一些目前常见的视频格式。

1. MPEG/MPG/DAT

MPEG/MPG/DAT 类型的视频文件都是使用 MPEG 编码技术压缩而成的视频文件，广泛应用于 VCD/DVD 和 HDTV 的视频编辑与处理等方面。其中，VCD 内的视频文件由 MPEG-1 编码技术压缩而成（刻录软件会自动将 MPEG-1 编码的视频文件转换为 DAT 格式），

DVD 内的视频文件则由 MPEG-2 压缩而成。

2. AVI

AVI 是由微软公司所研发的视频格式，其优点是允许影像的视频部分和音频部分交错在一起同步播放，调用方便、图像质量好，缺点是文件体积过于庞大。

3. MOV

MOV 是由 Apple 公司所研发的一种视频格式，是 QuickTime 音 / 视频软件的配套格式。在 MOV 格式刚刚出现时，该格式的视频文件仅能够在 Apple 公司所生产的 Mac 机上进行播放。此后，Apple 公司推出了基于 Windows 操作系统的 QuickTime 软件，MOV 格式也逐渐成为使用较为广泛的视频文件格式。

4. RM/RMVB

RM/RMVB 是按照 Real Networks 公司所制定的音频 / 视频压缩规范而创建的视频文件格式。其中，RM 格式的视频文件只适合本地播放，而 RMVB 除了能够进行本地播放外，还可通过互联网进行流式播放，从而使用户只需进行极短时间的缓冲，便可不间断地长时间欣赏影视节目。

5. WMV

WMV 是一种可在互联网上实时传播的视频文件类型，其主要优点在于：可扩充的媒体类型、本地或网络回放、可伸缩的媒体类型、流的优先级化、多语言支持、扩展性等。

6. ASF

高级流格式（Advanced Streaming Format，ASF）是微软公司为了和 Real Networks 公司竞争而开发的一种可直接在网上观看视频节目的文件压缩格式。ASF 使用了 MPEG-4 压缩算法，其压缩率和图像的质量都很不错。

1.5.2 常用音频格式

在影视作品中，除了使用影视素材外，还需要为其添加相应的音频文件。下面就来介绍一些目前常见的音频格式。

1. WAV

WAV 音频文件也称为波形文件，是 Windows 本身存放数字声音的标准格式。WAV 音频文件是目前最具通用性的一种数字声音文件格式，几乎所有的音频处理软件都支持 WAV 格式。由于该格式文件存放的是没有经过压缩处理，直接对声音信号进行采样得到的音频数据，所以 WAV 音频文件的音质在各种音频文件中是最好的，同时它的体积也是最大的，1分钟 CD 音质的 WAV 音频文件大约有 10MB。由于 WAV 音频文件的体积过于庞大，所以不适合在网络上进行传播。

2. MP3

MP3（MPEG-Audio Layer3）是一种采用了有损压缩算法的音频文件格式。由于 MP3 在采用心理声学编码技术的同时结合了人们的听觉原理，因此剔除了某些人耳分辨不出的音频信号，从而实现了高达 1 : 12 或 1 : 14 的压缩比。

此外，MP3 还可以根据不同需要采用不同的采样率进行编码，如 96kbit/s、112kbit/s、128kbit/s 等。其中，使用 128kbit/s 采样率所获得的 MP3 音质非常接近于 CD 音质，但其文件大小仅为 CD 的 1/10，因此成为目前最为流行的一种音乐文件。

3. MP4

MP4 是采用美国电话电报公司（AT&T）所开发的以"知觉编码"为关键技术的音乐压缩技术，由美国网络技术公司（GMO）及 RIAA 联合公布的一种新的音乐格式。MP4 在文件中采用了保护版权的编码技术。另外，MP4 的压缩比例达到 1∶15，体积比 MP3 更小，而音质却没有下降。

4. WMA

WMA 是微软公司为了与 Real Networks 公司的 RA 及 MP3 竞争而研发的新一代数字音频压缩技术，其全称为 Windows Media Audio，特点是同时兼顾了高保真度和网络传输需求。从压缩比来看，WMA 比 MP3 更优秀，同样音质的 WMA 文件的大小是 MP3 格式的一半或更少，而相同大小的 WMA 文件又比 RA 的音质要好。总体来说，WMA 音频文件既适合在网络上用于数字音频的实时播放，也适合在本地计算机上进行音乐回放。

5. MIDI

严格来说，MIDI 并不是一种数字音频文件格式，而是电子乐器与计算机之间进行通信的一种标准。在 MIDI 文件中，不同乐器的音色都被事先采集下来，每种音色都有一个唯一的编号，当所有参数都编码完毕后，就得到了 MIDI 音色表。在播放时，计算机软件即可通过参照 MIDI 音色表的方式将 MIDI 文件数据还原为电子音乐。

1.6　数字视频编辑基础

现阶段，人们在使用影像建制设备获取视频后，通常还要对其进行剪切、重新编排等一系列处理，然后才会将其用于播出。在上述过程中，对源视频进行的剪切、编排及其他操作统称为视频编辑操作，而以数字方式来完成这一任务时，整个过程便称为数字视频编辑。

1.6.1　线性编辑与非线性编辑

在电影电视的发展过程中，视频节目的制作先后经历了"物理剪辑""电子编辑"和"数字编辑"3 个发展阶段，其编辑方式也先后出现了线性编辑和非线性编辑。下面将分别介绍这两种视频编辑方式。

1. 线性编辑

线性编辑又称为在线编辑，是指直接通过放像机和录像机的母带对模拟影像进行连接、编辑的方式。传统的电视编辑就属于此类编辑。采用这种方式，如果要在编辑好的录像带上插入或删除视频片断，则插入点或删除点以后的所有视频片断都要重新移动一次，操作很不方便。

2. 非线性编辑

非线性编辑是指在计算机中利用数字信息进行的视频 / 音频编辑。选取数字视频素材的方法主要有两种：一种是先将录像带上的片段采集下来，即把模拟信号转换为数字信号，然后存储到计算机中进行特效处理，最后再输出为影片；另一种是利用数码摄像机（即 DV 摄像机）直接拍摄得到数字视频，此时拍摄的内容会直接转换为数字信号，然后只需在拍摄完成后，将需要的片断输入到计算机中即可。

1.6.2　非线性编辑系统的构成

非线性编辑的实现，要靠软件与硬件两方面的共同支持，而两者间的组合便称为非线性编辑系统。目前，一套完整的非线性编辑系统，其硬件部分至少应包括一台多媒体计算机。此外，还需要视频卡、IEEE 1394 卡及其他专用板卡（如特技卡）和外围设备。

其中，视频卡用于采集和输出模拟视频，也就是担负着模拟视频与数字视频之间相互转换的功能。

从软件上看，非线性编辑系统主要由非线性编辑软件、二维动画软件、三维动画软件、图像处理软件和音频处理软件等外围软件构成。Premiere 属于非线性编辑软件。

提示：随着计算机硬件性能的提高，编辑处理视频对专用硬件设备的依赖越来越小，而软件在非线性编辑过程中的作用则日益突出。因此熟练掌握一款像 Premiere Pro CC 2015 这样的非线性编辑软件便显得尤为重要。

1.7　课后练习

1. 填空题

1）景别又称 _____，它是镜头设计中的一个重要概念，是指角色对象和画面在屏幕框架结构中所呈现的大小和范围。不同景别可以引起观众不同的心理反应。景别一般分为 _____、_____、_____、_____ 和 _____ 5 种。

2）目前世界上的电视制式分为 _____、_____ 和 _____ 3 种。

2. 选择题

1）下列哪些属于运动镜头的技巧？（　　　）
   A. 推　　　　　　　　B. 拉　　　　　　　　C. 摇　　　　　　　　D. 移

2）PAL 制式的帧速率是 _____ f/s。
   A. 30　　　　　　　　B. 25　　　　　　　　C. 20　　　　　　　　D. 12

3）下列属于音频格式的是（　　　）。
   A. MP3　　　　　　　B. AVI　　　　　　　C. MOV　　　　　　　D. WAV

3. 问答题

1）简述镜头组接的规律。

2）简述线性编辑与非线性编辑的特点。

第2章　Premiere Pro CC 2015的基础知识

本章重点

Premiere Pro CC 2015 是一款优秀的非线性视频编辑处理软件，具有强大的视频和音频内容实时编辑合成功能。它的操作界面简单直观，同时功能全面，因此广泛应用于家庭视频内容处理、电视广告制作和片头动画编辑等方面。通过本章学习，读者应掌握 Premiere Pro CC 2015 的启动与项目创建、操作界面、素材的导入、素材的编辑、视频与音频效果、调整与校正画面效果和影片的预演与输出方面的相关知识。

2.1　Premiere Pro CC 2015 的启动、项目和序列创建

Premiere Pro CC 2015 的启动、项目和序列创建的具体操作步骤如下：

1) 选择"开始 | 所有程序 | Adobe Premiere Pro CC 2015"命令（或者用鼠标双击桌面上的 Premiere Pro CC 2015 的快捷方式图标），弹出如图 2-1 所示的界面。在该界面中可以执行新建项目、打开项目和开启帮助的操作。

- 打开最近项目：用于显示最近编辑的项目文件，单击其中一个文件可以直接进入主界面，对其进行继续编辑。
- 新建项目：单击该按钮，可以创建一个新的项目文件进行视频编辑。
- 打开项目：单击该按钮，可以打开一个在计算机中已有的项目文件。
- 帮助：单击该按钮，可以开启软件的帮助系统，查阅需要的说明内容。

2) 单击"新建项目"按钮，会弹出如图 2-2 所示的对话框。在该对话框中可以设置"新建项目"的参数。

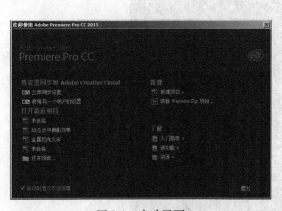

图 2-1　启动界面

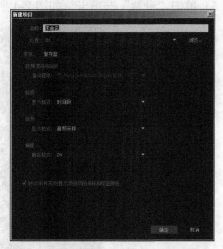

图 2-2　"新建项目"对话框

- 名称：用于为项目文件命名。
- 位置：用于为项目文件指定存储路径。单击右侧的"浏览"按钮，可以在弹出的对话

框中指定相应的存储路径。

● 视频和音频显示格式：用于设置视频和音频在项目内的标尺单位。

● 捕捉格式：用于设置从摄像机等设备内获取素材时的格式。

3）单击"确定"按钮，即可新建一个项目文件。

4）单击"项目"面板下方的 ■ （新建项）按钮，从弹出的下拉菜单中选择"序列"命令，如图 2-3a 所示。然后在弹出的"新建序列"对话框中单击"序列预设"选项卡，如图 2-3b 所示，在该对话框中可以设置影片的屏幕类型等参数。

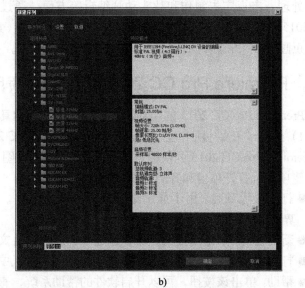

a）　　　　　　　　　　　　　　　b）

图 2-3　创建序列

a）选择"序列"命令　b）"新建序列"对话框

5）单击"设置"选项卡，如图 2-4 所示，在其中可以创建所需的项目文件的内容属性。

图 2-4　"设置"选项卡

- 编辑模式：用于设定时间线面板中播放视频的数字视频格式。
- 时基：用于设定序列所应用的帧速率的标准。
- 视频：该选项组中的选项用于调整与视频画面有关的各项参数。其中"帧大小"用于设置视频画面的分辨率；"像素长宽比"用于设置视频输出到监视器上的画面长宽比；"场"用于设置逐行扫描或隔行扫描的扫描方式；"显示格式"用于设置序列中的视频标尺单位。
- 音频：该选项组中的选项用于调整与音频有关的各项参数。其中"采样率"用于设置序列内的音频文件的采样率；"显示格式"用于调整序列中音频的标尺单位。
- 视频预览：在该选项组中，"预览文件格式"用于设置 Premiere 生成相应序列的预览文件的文件格式。当采用 Microsoft AVI DV PAL 作为预览文件格式时，还可以在"编解码器"下拉列表内选择生成预览文件时采用的编码方式。此外，在选中"最大位数深度"和"最高渲染品质"复选框后，还可提高预览文件的质量。

6）设置完成后，可以单击 保存预设... 按钮，然后在弹出的"保存设置"对话框中输入相应名称（此时输入"张凡"），如图 2-5 所示，接着单击"确定"按钮，即将自己定义的设置方案进行存储。

> 提示：如果要调用保存的预置，可以在"序列预置"选项卡左侧的"自定义"文件夹中找到保存的预置文件，如图 2-6 所示，单击"确定"按钮即可。

图 2-5　"保存设置"对话框

图 2-6　找到保存的预置文件

7）在"新建序列"对话框中单击"轨道"选项卡，如图 2-7a 所示，在其中可以设置新创建影片中视频轨道和音频轨道的数量和类型。

8）设置完毕，单击"确定"按钮，即可新建一个序列文件。此时"项目"面板如图 2-7b 所示。

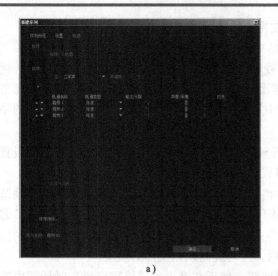
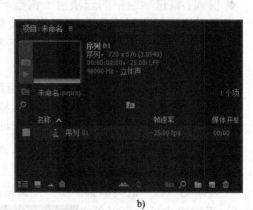

a)   b)

图 2-7   轨道设置及"项目"面板

a)"轨道"选项卡   b)"项目"面板中新建的序列

2.2   Premiere Pro CC 2015 的操作界面

在创建或打开一个项目文件后，即可进入 Premiere Pro CC 2015 的操作界面。

Premiere Pro CC 2015 提供了 6 种模式的界面，它们分别是"元数据记录"模式界面、"效果"模式界面、"编辑"模式界面、"颜色"模式界面、"组件"模式界面和"音频"模式界面。在"窗口"菜单的"工作区"子菜单中选择相应的命令，可以在这 6 种模式界面间切换。下面就来说明 Premiere Pro CC 2015 默认的"编辑"模式界面的构成。"编辑"模式界面大致可以分为"菜单栏"和"工作窗口区域"两部分，如图 2-8 所示。

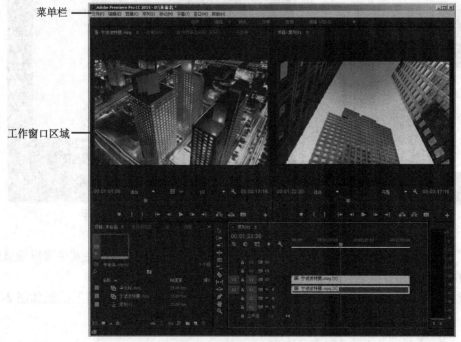

图 2-8   默认的"编辑"模式界面

1.菜单栏

Premiere Pro CC 2015 的菜单栏中包括"文件""编辑""剪辑""序列""标记""字幕""窗口"和"帮助"8 个菜单。其中"文件"菜单中的命令用于创建、打开和存储文件或项目等操作;"编辑"菜单中的命令用于常用的编辑操作,例如恢复、重做、复制文件等;"剪辑"菜单中的命令用于对素材进行常用的编辑操作,包括重命名、插入、覆盖、编组等命令;"序列"菜单中的命令用于在"时间线"面板中对项目片段进行编辑、管理、设置轨道属性等常用操作;"标记"菜单中的命令用于设置素材标记、设置片段标记、移动到入点 / 出点、删除入点 / 出点等操作;"字幕"菜单中的命令用于设置字幕字体、大小、位置等属性;"窗口"菜单中的命令用于控制编辑界面中各个窗口或面板的显示与关闭;"帮助"菜单中的命令可以打开 Premiere Pro CC 2015 的使用帮助供用户阅读,还可以连接 Adobe 官方网站,寻求在线帮助等。

2.工作窗口区域

Premiere Pro CC 2015 的工作窗口区域由多个面板组成,这些面板中包含了用户在执行节目编辑任务时所要用到的各种工具和参数。下面就来介绍一些常用的面板。

(1)"项目"面板

"项目"面板的主要作用是管理当前编辑项目内的各种素材资源。"项目"面板分为素材属性区、素材列表和工具按钮 3 个部分,如图 2-9 所示。其中,素材属性区用于查看素材属性并以缩略图的方式快速预览部分素材的内容;素材列表用于罗列导入的相关素材;工具按钮用于对相关素材进行管理操作。

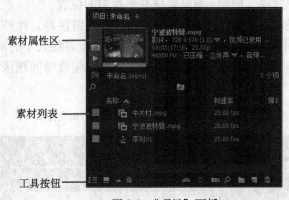

图 2-9　"项目"面板

其中工具按钮中各按钮的含义如下。

● ▤ (列表视图):Premiere Pro CC 2015 默认显示方式,用于在素材列表中以列表的形式显示素材。

● ▦ (图标视图):单击该按钮,将在素材列表中以缩略图的形式显示素材,如图 2-10 所示。

● ▦ (自动匹配到序列):单击该按钮,可将选中素材添加到时间线面板的编辑片段中。

● （查找）：单击该按钮，将弹出如图2-11所示的对话框，从中可以查找指定的素材。

图2-10 以缩略图的形式显示素材

图2-11 "查找"对话框

● （新建素材箱）：单击该按钮，可以新建文件夹，便于素材管理。

● （新建项）：单击该按钮，将弹出如图2-12所示的快捷菜单，从中可以选择多种分类方式。

● （清除）：单击该按钮，可以将选中的素材或文件夹删除。

图2-12 "新建项"快捷菜单

（2）"时间线"面板

"时间线"面板用于组合项目窗口中的各种片段，是按时间排列片段、制作影视节目的编辑窗口。绝大部分的素材编辑操作都要在"时间线"面板中完成。例如，调整素材在影片中的位置、长度、播放速度，或解除有声视频素材中音频与视频部分的链接等。此外，用户还可以在"时间线"面板中为素材应用各种特技处理效果，甚至还可直接对特效中的部分属性进行调整。

该面板由节目标签、时间标尺、轨道及其控制面板、缩放时间线区域4部分组成，如图2-13所示。

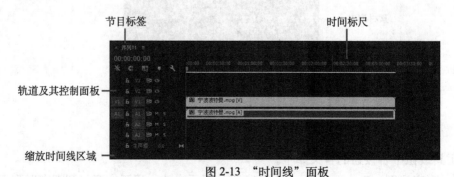

图2-13 "时间线"面板

1）节目标签。

节目标签标识了主时间轴上的所有节目。单击它就可以激活节目并使其进入当前编辑状态。也可以拖动节目标签，使其成为一个独立的窗口。

2）时间标尺。

时间标尺由时间显示、时间滑块和工作区控制条（图中省略）组成，如图2-14所示。

图 2-14　时间标尺

● 时间显示：用于显示视频和音频轨道上的剪辑时间的位置，显示格式为"小时∶分钟∶秒∶帧"。可以利用标尺缩放条提高显示精度，实现编辑时间位置的精确定位。
● 时间滑块：标出当前编辑的时间位置。

3）轨道及其控制面板。

在时间标尺下方是视频、音频轨道及其控制面板。左边是轨道控制面板，可以根据需要对轨道进行展开、添加、删除及调整高度等操作，右边是视频和音频轨道。该部分默认有 3 个视频轨道和 3 个立体声音频轨道。

轨道控制面板分为视频控制面板和音频控制面板两部分。

视频控制面板如图 2-15 所示，各按钮的功能如下。

●■（切换轨道输出）：当该按钮呈 ■ 状态时，可以对该轨道上的素材进行编辑、播放等操作；当该按钮呈■状态时，此时导出影片将不会导出该轨道上的剪辑。

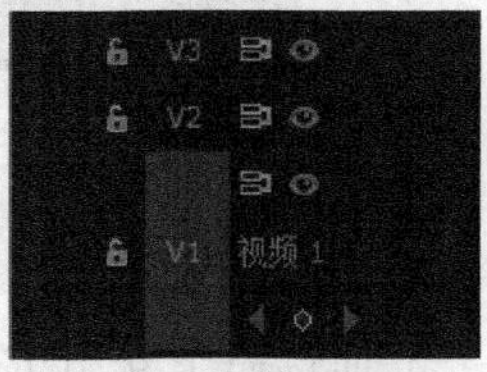

图 2-15　视频控制面板

●■（切换同步锁定）：为了避免编辑其他轨道时，对已编辑好的轨道产生误操作，可以将轨道锁定。如果要再次编辑，可以单击 ■ 按钮，对其进行解锁。

●■（添加 - 移除关键帧）：在未插入关键帧的情况下，单击该按钮，可以在当前时间滑块定位的位置插入一个关键帧；在已经插入关键帧的情况下，单击该按钮，则可以移除关键帧。

音频控制面板如图 2-16 所示，各按钮的功能如下。

●M（静音轨道）：激活该按钮，表示禁止轨道输出。
●S（独奏轨道）：激活该按钮，表示启用轨道独奏。
●■（显示关键帧）：单击该按钮，会弹出图 2-17 所示的下拉菜单，从中可以选择相应的音频关键帧命令。

图 2-16　音频控制面板

图 2-17　选择相应的音频关键帧命令

4）缩放时间线区域。

使用"时间线"面板左下角的时间缩放级别滑块可以改变时间线的时间间隔，将■（时间缩放级别滑块）往右移动可以缩小时间标尺显示精度，如图 2-18 所示，往左移动可以放大时间标尺显示精度，如图 2-19 所示。

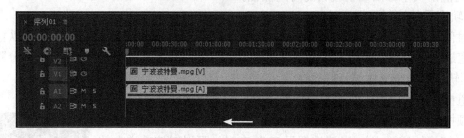

图 2-18   将■（时间缩放级别滑块）往右移动

图 2-19   将■（时间缩放级别滑块）往左移动

（3）监视器

监视器主要用于在创建作品时对它进行预览。Premiere Pro CC 2015 提供了"源"监视器、"节目"监视器和"参考"监视器 3 种不同的监视器。下面就来具体介绍这 3 种监视器。

1）"源"监视器。

"源"监视器如图 2-20 所示，用于观察素材原始效果。"源"监视器在初始状态下是不显示画面的，如果想在该窗口中显示画面，可以直接拖动"项目"面板中的素材到"源"监视器中，也可以双击"项目"面板中的素材或已加入到"时间线"面板中的素材，将该素材在"源"监视器中进行显示。

图 2-20   "源"监视器

该监视器分为监视器窗口、当前时间指示器、默认工具按钮和按钮编辑器 4 个部分，如图 2-20 所示。其中监视器窗口用于实时预览素材；当前时间指示器用于控制素材播放的时间，在其上方的时间码用于确定每一帧的位置，显示格式为“小时 : 分钟 : 秒 : 帧”；默认工具按钮位于监视器窗口的下方，主要用于修整和播放素材；按钮编辑器用于添加默认工具按钮以外的其余工具按钮。

“源”监视器的默认 11 个工具按钮的含义如下。

- （添加标记）：用于在特定帧标记为参考点。
- （标记入点）：单击该按钮，时间线的目前位置将被标注为素材的起始时间。
- （标记出点）：单击该按钮，时间线的目前位置将被标注为素材的结束时间。
- （转到入点）：单击该按钮，素材将跳转到入点处。
- （转到出点）：单击该按钮，素材将跳转到出点处。
- （播放）：用于从目前帧开始播放影片。单击该按钮，将切换到（停止）按钮。按空格键也可以实现相同的切换工作。
- （前进一帧）：单击该按钮，素材将前进一帧。
- （后退一帧）：单击该按钮，素材将后退一帧。
- （插入）：单击该按钮，将在插入的时间位置插入新素材。此时处于插入时间位置后的素材都会向后推移。如果要插入的新素材的位置位于一段素材之中，则插入的新素材会将原素材分为两段，原素材的后半部分会向后推移，接在新素材之后。
- （覆盖）：单击该按钮，将在插入的时间位置插入新素材。与单击（插入）按钮不同的是，此时凡是处于要插入的时间位置之后的素材都将被新插入的素材所覆盖。
- （导出帧）：单击该按钮，将弹出如图 2-21 所示的“导出帧”对话框，此时在“名称”右侧输入要导出的帧的名称，然后在“格式”下拉列表中选择一种输出的图片格式，接着单击浏览...按钮，从弹出的对话框中设置图片输出的位置，最后单击“确定”按钮，即可将当前时间指示器指示的帧图片进行输出。

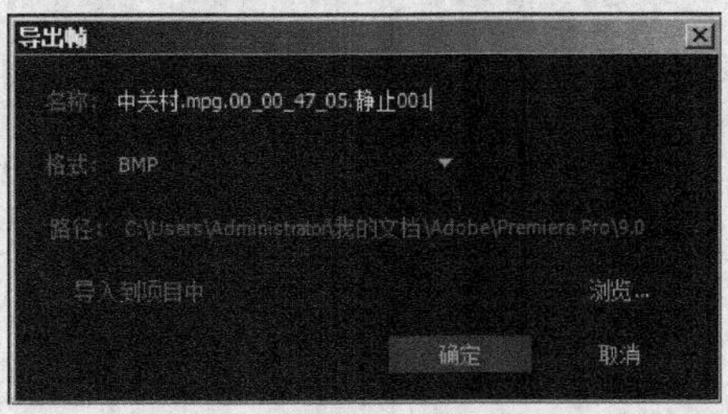

图 2-21　“导出单帧”对话框

单击（按钮编辑器）按钮，将弹出“按钮编辑器”面板，如图 2-22 所示。在该面板中包含“源”监视器中所有的编辑按钮。用户可以通过拖动的方式将“按钮编辑器”面板中相应的按钮添加到“源”监视器的工具按钮中，如图 2-23 所示。如果在“按钮编辑器”面板中单击重置布局按钮，可以恢复“源”监视器中工具按钮的默认布局。

图 2-22 "按钮编辑器"面板

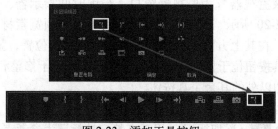

图 2-23 添加工具按钮

在"按钮编辑器"面板中可以添加到"源"监视器默认工具以外的按钮的含义如下。

- ⫾ (清除入点)：单击该按钮，将清除已经设置的入点。
- ⫾ (清除出点)：单击该按钮，将清除已经设置的出点。
- {▸} (从入点到出点播放视频)：单击该按钮，将只播放入点和出点之间的内容。
- ⇥ (转到下一标记)：单击该按钮，将前进到下一个编辑点。
- ⇤ (转到上一标记)：单击该按钮，将后退到下一个编辑点。
- ▸| (播放邻近区域)：单击该按钮，将从当前时间指示位置前两帧开始播放到当前时间指示位置后两帧。例如当前时间指示位置是 00:00:46:00，单击 ▸| (播放邻近区域)后，将从 00:00:44:00 播放到 00:00:48:00。
- ⟲ (循环)：单击该按钮，将循环播放素材。
- ▭ (安全边距)：单击该按钮，将显示屏幕的安全区域。

"源"监视器除了可查看视频画面或静态图像外，还可以以波形的方式来显示音频素材，如图 2-24 所示。这样，编辑人员便可以在聆听素材的同时查看音频素材的内容。

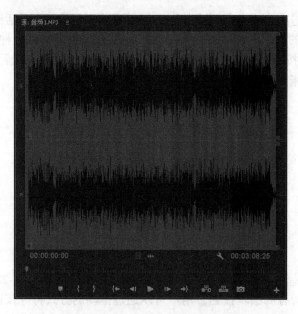

图 2-24 利用"源"监视器查看音频

2）"节目"监视器。

"节目"监视器与"源"监视器基本相同，如图 2-25 所示，用于对编辑的素材进行实时预览，也可以对影片进行设置出点、入点和未编号标记等操作。在实际影片的编辑过程中，同时观察"源"监视器与"节目"监视器中的内容，可以让影视编辑人员更好地了解素材在编辑前后的差别。

图 2-25　"节目"监视器

3）"参考"监视器。

在许多情况下，"参考"监视器是另一个"节目"监视器。在 Premiere Pro CC 2015 中可以使用它进行颜色和音调调整，因为在"参考"监视器中查看视频示波器（它可以显示色调和饱和度级别）的同时，可以在"节目"监视器中查看实际的影片。在菜单栏中选择"窗口 | 参考监视器"命令，即可调出"参考"监视器，如图 2-26 所示。"参考"监视器可以设置为与"节目"监视器同步播放或统调，也可以设置为不统调。

图 2-26　"参考"监视器面板

（4）"音轨混合器"面板

"音轨混合器"面板如图 2-27 所示，该面板主要用于对音频素材的播放效果进行编辑和实时控制。该面板的具体介绍详见 2.5.3 节。

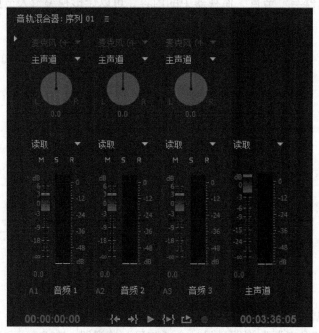

图 2-27 "音轨混合器"面板

（5）"效果"面板

"效果"面板中列出了能够应用于素材的各种 Premiere Pro CC 2015 的特效，其中包括预设、音频效果、音频过渡、视频效果和视频过渡等类型，如图 2-28 所示。使用"效果"面板可以快速应用多种音频特效、视频特效和切换效果。单击"效果"面板下方的■（新建自定义文件夹）按钮，还可以新建文件夹，将自己常用的各种特效放在里面，此时自定义文件夹中的特效在默认的文件夹中依然存在。单击"效果"面板下方的■（删除自定义分项）按钮，可以删除自建的文件夹，但不能删除软件自带的文件夹。

图 2-28 "效果"面板

（6）"效果控件"面板

"效果控件"面板如图 2-29 所示。该面板用于调整素材的运动、不透明度和时间重映射，并具备为其设置关键帧的功能。

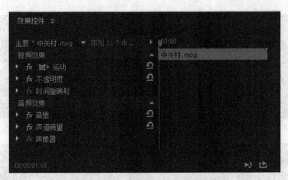

图 2-29　"效果控件"面板

（7）"工具"面板

"工具"面板如图 2-30 所示。该面板主要用于对时间线上的素材进行编辑、添加或移除关键帧等操作。

"工具"面板中各按钮的含义如下。

● ▙（选择工具）：用于对素材进行选择、移动，并可以调节素材关键帧，为素材设置入点和出点。

● ▦（向前选择轨道工具）：用于选择某一轨道上的所有素材。

● ▦（波形编辑工具）：用于拖动素材的入点或出点，以改变素材的长度，相邻素材的长度不变，项目片段的总长度改变。 如图 2-31 所示为使用"波形编辑工具"处理"中关村 .mpg"出点的前后比较。

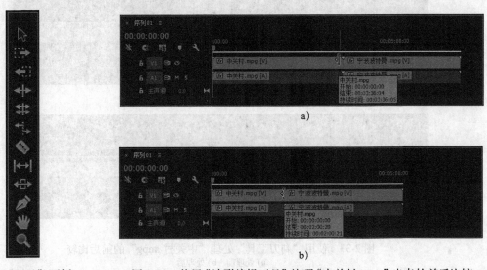

a)

b)

图 2-30　"工具"面板　　图 2-31　使用"波形编辑工具"处理"中关村 .mpg"出点的前后比较

a) 处理前　b) 处理后

● ▦（滚动编辑工具）：使用该工具在需要剪辑的素材边缘拖动，可以将增加到该素材的帧数从相邻的素材中减去，也就是说项目片段的总长度不发生改变。如图 2-32 所示为使用"滚动编辑工具"处理"中关村 .mpg"的前后比较。

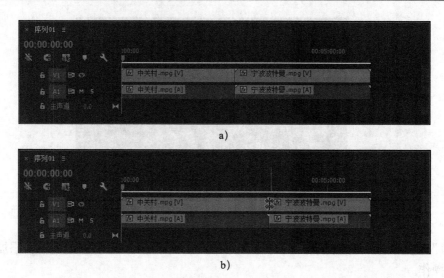

图 2-32　使用"滚动编辑工具"处理"中关村 .mpg"的前后比较
a) 处理前　b) 处理后

● （比率拉伸工具）：用于对素材进行速度调整，从而达到改变素材长度的目的。
● （剃刀工具）：用于分割素材。选择该工具后单击素材，可将素材分为两段，从而产生新的入点和出点。如图 2-33 所示为使用"剃刀工具"处理"中关村 .mpg"的前后比较。

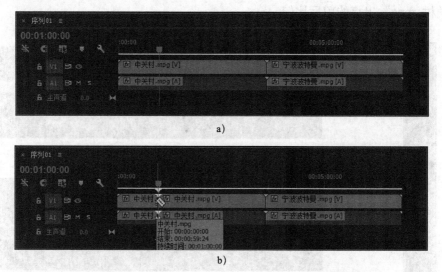

图 2-33　使用"剃刀工具"处理"中关村 .mpg"的前后比较
a) 处理前　b) 处理后

● （外滑工具）：用于改变一段素材的入点和出点，保持其总长度不变，并且不影响相邻的其他素材。
● （内滑工具）：用于保持要剪辑素材的入点与出点不变，通过相邻素材入点和出点的变化，改变其在"时间线"面板中的位置，而项目片段时间长度不变。

- ✐（钢笔工具）：用于设置素材的关键帧。
- ✋（手形工具）：用于改变"时间线"面板的可视区域，有助于编辑一些较长的素材。
- 🔍（缩放工具）：用于调整时间轴单位的显示比例。按下〈Alt〉键，可以在放大和缩小模式之间进行切换。

（8）"历史记录"面板

"历史记录"面板如图 2-34 所示。该面板用于记录用户在进行影片编辑操作时执行的每一个 Premiere 命令。通过删除"历史记录"面板中的指定命令，还可实现按步骤还原编辑操作的目的。

（9）"信息"面板

"信息"面板如图 2-35 所示。该面板用于显示所选素材及该素材在当前序列中的信息，包括素材本身的帧速率、分辨率、素材长度和该素材在当前序列中的位置等。

图 2-34　"历史记录"面板

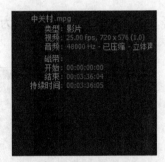
图 2-35　"信息"面板

（10）"媒体浏览器"面板

"媒体浏览器"面板如图 2-36 所示。该面板的功能与 Windows 管理器类似，能够让用户在该面板内查看计算机磁盘上任何位置的文件。而且，通过设置筛选条件，用户还可在"媒体浏览器"面板内单独查看特定类型的文件。

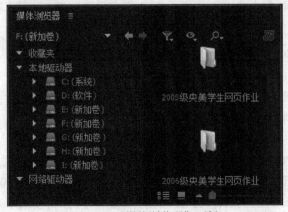
图 2-36　"媒体浏览器"面板

2.3 素材的导入

使用 Premiere Pro CC 2015 进行的视频编辑，主要是对已有的素材文件进行重新编辑，所以在进行视频编辑之前，首先要将所需的素材导入到 Premiere Pro CC 2015 的项目面板中。

2.3.1 可导入的素材类型

Premiere Pro CC 2015 支持多种格式的素材。

可导入的视频格式的素材包括：MPEG1、MPEG2、DV、AVI、MOV、WMV、SWF、FLV 等。

可导入的音频格式的素材包括：WAV、WMA、MP3 等。

可导入的图像格式的素材包括：AI、PSD、JPEG、PNG、TGA、TIFF、BMP、PCX 等。

2.3.2 导入素材

1）启动 Premiere Pro CC 2015 程序后，创建一个新的项目文件或打开一个已有的项目文件。

2）选择"文件 | 导入"（快捷键为〈Ctrl+I〉）命令，打开"导入"对话框，如图 2-37 所示。

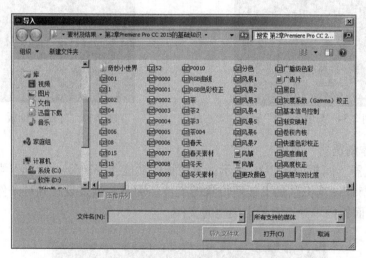

图 2-37 "导入"对话框

3）导入静止序列图像文件。方法：选择网盘中的"素材及结果 \ 第 2 章 Premiere Pro CC 2015 的基础知识 \P0000.tga"文件（静止序列文件的第一幅图片），并选中"图像序列"复选框，如图 2-38 所示，单击"打开"按钮，即可导入静止序列文件。此时在"项目"面板中会发现该序列文件将作为一个单独的剪辑被导入，如图 2-39 所示。

4）导入不含图层的单幅图像。方法：选择网盘中的"素材及结果 \ 第 2 章 Premiere Pro CC 2015 的基础知识 \ P0000.tga"文件，取消选中"序列图像"复选框，单击"打开"按钮，此时在"项目"面板中该文件将作为一幅单独的图片被导入，如图 2-40 所示。

5）导入含图层的 .psd 图像文件。方法：选择网盘中的"素材及结果 \ 第 2 章 Premiere Pro CC 2015 的基础知识 \ 文字 .psd"文件，弹出如图 2-41 所示的对话框。如果选择"合并所有图层"选项，单击"确定"按钮，此时图像会在合并图层后作为一个整体导入；如果选择"各个图层"选项，然后在其下面选择相应的图层，如图 2-42 所示，单击"确定"按钮，此时图像只导入选择的图层。如图 2-43 所示为导入"文字 .psd"中"图层 1"和"图层 2"后的"项目"面板。

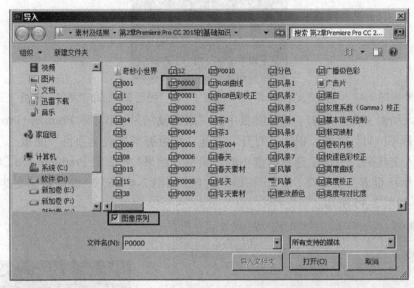

图 2-38　选择"P0000.tga"图片，并选中"图像序列"复选框

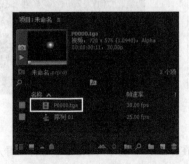

图 2-39　导入序列图片

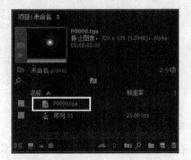

图 2-40　导入单幅图片

图 2-41　"导入分层文字：文字"对话框

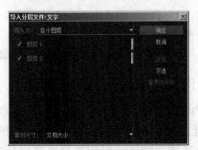

图 2-42　选择相应的图层

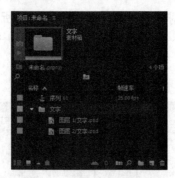

图 2-43 导入"文字 .psd"中"图层 1"和"图层 2"后的"项目"面板

6）导入动画文件。方法：选择网盘中的"素材及结果 \ 第 2 章 Premiere Pro CC 2015 的基础知识 \ 风筝 .avi"文件，单击"打开"按钮，即可将其导入"项目"面板。

7）导入文件夹。方法：选择网盘中的"素材及结果 \ 第 2 章 Premiere Pro CC 2015 的基础知识 \ 奇妙小世界"文件夹，单击 导入文件夹 按钮，如图 2-44 所示，即可将该文件夹导入"项目"面板，如图 2-45 所示。

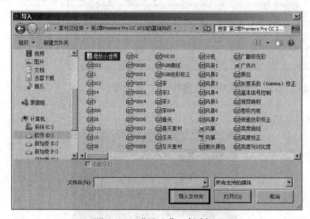

图 2-44 "导入"对话框

图 2-45 导入文件夹

提示：要导入素材，也可以执行以下操作：
- 在"项目"面板素材列表的空白处双击，然后在弹出的"导入"对话框中选择要导入的素材，单击"打开"按钮。
- 在"项目"面板素材列表的空白处右击，从弹出的对话框中选择"导入"命令，如图 2-46 所示。
- 如果剪辑最近被使用过，可以选择"文件 | 导入新近文件"命令，在弹出的子菜单中选择要导入的剪辑。

2.3.3 设置图像素材的时间长度

图 2-46 选择"导入"命令

在 Premiere Pro CC 2015 中导入图像素材，需要自定义图像素材的时间长度，这样可以保证项目文件导入的图像素材保持相同的播放长度。默认情况下，图像素材的时间长度为 5s，如果要修改默认的时间长度，可以执行以下操作：

1）选择"编辑 | 首选项 | 常规"命令，弹出"首选项"对话框，如图 2-47 所示。

2）在"静帧图像默认持续时间"右侧输入要改变的图像素材的时间长度（此时设置的是 125 帧，即 DV-PAL 制式 5 秒的时间），单击"确定"按钮即可。

提示：如果要保证导入的图像默认时间均为 DV-PAL 制式 5 秒，还要在"首选项"对话框左侧选择"媒体"选项，然后在右侧将"不确定的媒体时基"设置为"25.00fps"。

3）对于已经导入到"项目"面板的图像文件来说，如果要修改其播放长度，可以先选中该图像，然后右击，从弹出的快捷菜单中选择"速度 / 持续时间"命令，接着在弹出的"剪辑速度 / 持续时间"对话框中进行设置，如图 2-48 所示，单击"确定"按钮。

图 2-47　"首选项"对话框　　　　图 2-48　重新设置持续时间

2.4　素材的编辑

将素材导入"项目"面板后，接下来的工作就是对素材进行编辑。下面就来介绍对素材进行编辑处理的相关操作。

2.4.1　将素材添加到"时间线"面板中

在对素材进行编辑操作之前，首先需要将素材添加到"时间线"面板中，具体操作步骤如下：

1）在"项目"面板中选择要导入的素材，然后按住鼠标左键，将该文件拖动到"时间线"面板 V1 轨道的 00:00:00:00 处，如图 2-49 所示。此时，"节目"监视器中将显示相关素材在时间滑块指示处的画面（此时时间滑块定位在 00:00:00:00 处，因此显示素材第 1 帧的画面），如图 2-50 所示。

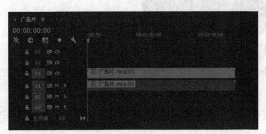

图 2-49　将素材拖动到时间线的第 0 秒　　　图 2-50　在"节目"监视器中显示素材的画面

2）同理，可将其他素材添加到"时间线"面板的其他视频轨道上。

3）如果目前视频轨道不够用，可以选择"序列 | 添加轨道"命令，或者在"时间线"面板左侧轨道名称处右击，在弹出的"添加轨道"对话框中设置要添加的轨道数量，如图 2-51所示，然后单击"确定"按钮。接着将素材拖到新添加的轨道上即可。

图 2-51　设置要添加的轨道数量

2.4.2　设置素材的入点和出点

在制作影片时，并不一定要完整地使用导入到项目中的视频或者音频素材，往往只需要使用其中的部分片段，这时就需要对素材进行剪辑，通过为素材设置入点与出点，可以从素材中截取到需要的片段。

1. 在"源"监视器中设置素材的入点和出点

在"源"监视器中设置入点和出点的具体操作步骤如下：

1）在"项目"面板中双击一个视频素材，此时在"源"监视器中会显示该素材，如图 2-52所示。

图 2-52　在"源"监视器中显示素材

2）拖动时间滑块到需要截取素材的开始位置，然后单击 ┃ （标记入点）按钮，即可确定素材的入点，如图 2-53 所示。

3）拖动时间滑块到需要截取素材的结束位置，单击 ┃ （标记出点）按钮，即可确定素材的出点，如图 2-54 所示。

图 2-53　确定素材的入点　　　　　　　　　　图 2-54　确定素材的出点

2. 在 "时间线" 面板中设置入点和出点

1) 在 "时间线" 面板中将时间滑块移动到需要设置素材入点的位置，如图 2-55 所示。然后将鼠标指针移动到素材的开头，当鼠标指针变为 形状时，按下鼠标左键向右拖动素材到时间滑块设置入点的位置，即可完成素材入点的设置，如图 2-56 所示。

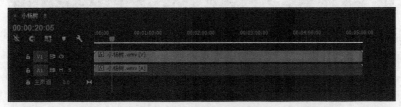

图 2-55　将时间滑块移动到需要设置素材入点的位置

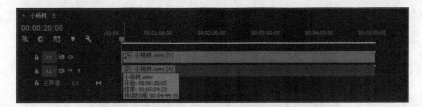

图 2-56　确定素材的入点

2) 同理，将时间滑块移动到需要设置素材出点的位置，如图 2-57 所示。再将鼠标放置到素材结束处，当鼠标指针变为 形状时，按下鼠标左键向左拖动素材到时间滑块设置出点的位置，即可完成素材出点的设置，如图 2-58 所示。

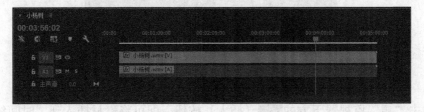

图 2-57　将时间滑块移动到需要设置素材出点的位置

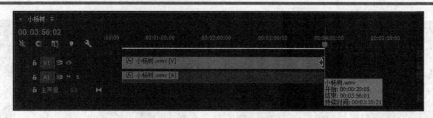

图 2-58　确定素材的出点

2.4.3　插入和覆盖素材

使用"源"监视器中的 ![插入] （插入）和 ![覆盖] （覆盖）工具，可以将"源"监视器中的素材直接置入"时间线"面板中的指定位置。

1. 插入素材

使用 ![插入] （插入）工具插入新素材时，凡是处于要插入的时间位置后的素材都会向后推移。如果要插入的新素材的位置位于一段素材之中，则插入的新素材会将原素材分为两段，原素材的后半部分会向后推移，接在新素材之后。插入素材的具体操作步骤如下：

1）在"时间线"面板中定位需要插入素材的位置，如图 2-59 所示。

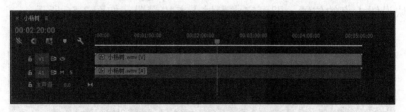

图 2-59　定位需要插入素材的位置

2）在"项目"面板中双击要插入的素材，使之在"源"监视器中显示出来，然后确定素材的入点和出点，如图 2-60 所示。

图 2-60　确定要插入素材的入点和出点

3）单击"源"监视器下方的 ![插入] （插入）按钮，即可将素材插入到"时间线"面板中要插入素材的位置，如图 2-61 所示。

提示：如果选中"项目"面板中的素材，单击"项目"面板下方的 ■（自动适配时间线）按钮，也可将素材插入到时间线目前的位置上。

图 2-61　将素材插入到"时间线"面板中要插入素材的位置

2. 覆盖素材

使用 ▣（覆盖工具）插入新素材时，凡是处于要插入的时间位置后的素材都将被新插入的素材所覆盖。覆盖素材的具体操作步骤如下：

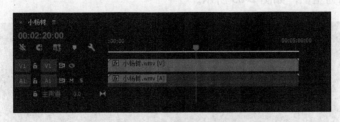

图 2-62　定位需要插入素材的位置

1）在"时间线"面板中定位需要插入素材的位置，如图 2-62 所示。

2）在"项目"面板中双击要插入的素材，使之在"源"监视器中显示出来，然后确定素材的入点和出点。

3）单击"源"监视器下方的 ▣（覆盖工具）按钮，即可将素材插入到"时间线"面板中要覆盖素材的位置，如图 2-63 所示。

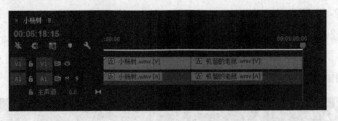

图 2-63　将素材插入到"时间线"面板中要覆盖素材的位置

2.4.4　提升和提取素材

使用 ▣（提升工具）和 ▣（提取工具）可以在"时间线"面板中的指定轨道上删除指定的一段素材。

1. 提升素材

使用 ▣（提升工具）对影片素材进行删除修改时，只会删除目标轨道中选定范围内的素材片断，对其前、后的素材及其他轨道上的素材的位置不会产生影响。提升素材的具体操作步骤如下：

1）在"节目"监视器中为素材设置入点和出点，此时设置的入点和出点会显示在时间标尺上，如图2-64所示。

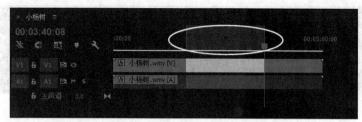

图2-64 设置的入点和出点会显示在时间标尺上

2）在"时间线"面板上选中提升素材的目标轨道。

3）在"节目"监视器中单击 （提升工具）按钮，即可将入点和出点之间的素材删除，删除后的区域显示为空白，如图2-65所示。

图2-65 提升素材后的效果

2. 提取素材

使用 （提取工具）对影片进行删除修改，不但会删除目标轨道中指定的片段，还会将其后的素材前移，填补空缺。提取素材的具体操作步骤如下：

1）在"节目"监视器中为素材设置入点和出点，此时设置的入点和出点会显示在时间标尺上，参见图2-64所示。

2）在"时间线"面板上选中提取素材的目标轨道。

3）在"节目"监视器中单击 （提取工具）按钮，即可将入点和出点之间的素材删除，其后的素材将自动前移，填补空缺，如图2-66所示。

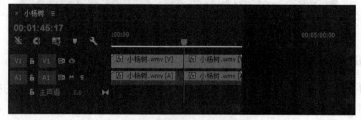

图2-66 提取素材后的效果

2.4.5 分离和链接素材

在编辑工作中，经常需要将"时间线"面板中素材的视频和音频进行分离，或者将原本独立的视频和音频链接在一起，作为一个整体进行调整。

1. 分离素材的视频和音频

分离素材的视频和音频的具体步骤如下：

1）在"时间线"面板中选择要进行视频和音频分离的素材。

2）右击，从弹出的快捷菜单中选择"取消链接"命令，即可分离素材的视频和音频部分。

2. 链接素材的视频、音频

链接素材的视频和音频的具体步骤如下：

1）在"时间线"面板中选择要进行视频和音频链接的素材。

2）右击，从弹出的快捷菜单中选择"链接"命令，即可链接素材的视频和音频部分。

2.4.6 修改素材的播放速率

对视频或音频素材的播放速率进行修改，可以使素材产生快速或慢速播放的效果。修改素材的播放速率的具体操作步骤如下：

1）在"时间线"面板中选择需要修改播放速率的素材，如图 2-67 所示。

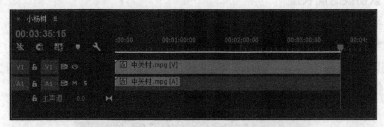

图 2-67　选择需要修改播放速率的素材

2）选择"工具"面板中的（比率拉伸工具），然后将鼠标指针移动到素材的开头或末尾，接着按住鼠标左键向左或向右拖动，即可在不改变素材内容长度的状态下，改变素材播放的时间长度，以达到改变片段播放速度的效果（即俗称的快放和慢放），如图 2-68 所示。

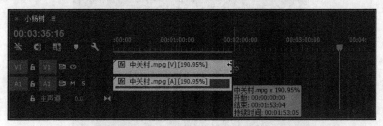

图 2-68　利用（比率拉伸工具）改变素材播放的时间长度

3）如果要精确地修改素材的播放速率，可以在"时间线"面板中选中素材，然后右击，从弹出的快捷菜单中选择"速度 / 持续时间"命令，接着在弹出的"剪辑速度 / 持续时间"对话框中进行设置，如图 2-69 所示。

图 2-69　精确设置素材的播放速率

2.5　视频与音频效果

对素材进行简单编辑后，下面就要给素材添加各种视

频和音频效果，从而使素材间的连接更加自然。Premiere Pro CC 2015的视频和音频效果位于"效果"面板中。选择"窗口｜效果"命令，可以调出"效果"面板，其中包括预设、音频特效、音频过渡、视频特效、视频过渡和 Lumetri 预设 6 大类效果，如图 2-70 所示。

图 2-70 "效果"面板

2.5.1 添加视频过渡效果

影视镜头是组成电影及其他影视节目的基本单位，一部电影或者一个电视节目是由很多镜头组接而成的，镜头与镜头之间组接时的显示变化称为"过渡"或"转场"。

控制画面之间的过渡效果的方式有很多，最常见的是两个素材之间的直接过渡，即从一个素材到另一个素材的直接过渡，在 Premiere Pro CC 2015 中只要将两个素材前后相接即可实现直接过渡。但是，如果要使两个素材的过渡更加自然，变化更丰富，就需要加入各种过渡效果，从而达到丰富画面的目的。

1.设置默认切换时间长度

设置默认切换时间长度的具体操作步骤如下：

1）选择"编辑｜首选项｜常规"命令。

2）在弹出的对话框中设置"视频过渡默认持续时间"的时间长度，如图 2-71 所示，单击"确定"按钮即可。

图 2-71 设置"视频过渡默认持续时间"的时间长度

2.给素材添加视频过渡效果

给素材添加视频过渡效果的具体操作步骤如下：

1）选择"文件｜导入"命令，导入网盘中的"素材及结果 \ 第 2 章 Premiere Pro CC 2015 的基础知识 \ 风景 1.jpg"和"风景 2.jpg"图片，然后将它们依次拖入"时间线"面板中使它们首尾相接，如图 2-72 所示。

2）选择"窗口｜效果"命令，调出"效果"面板，然后展开"视频过渡"文件夹，从中选择所需的视频过渡效果（此时选择的是"3D 运动"中的"翻转"），如图 2-73 所示。接着将该切换效果拖到"时间线"面板中"风景 1"素材的尾部，当出现◢标记后松开鼠标，即可完成过渡效果的添加，此时"时间线"面板如图 2-74 所示。

提示：当出现◣标记时，表示将在后面素材的起始处添加过渡效果；当出现◈标记时，表示将在两个素材之间添加过渡效果；当出现◢标记时，表示将在前面素材的结束处添加过渡效果。

图 2-72　将素材拖入"时间线"面板，使它们首尾相接

图 2-73　选择"翻转"

图 2-74　添加"翻转"视频过渡效果

3）如果要替换过渡效果，只需将新的过渡拖到原切换位置即可，此时程序会自动替换原来的过渡效果，且位置和长度保持不变。

3. 改变视频过渡的设置

在 Premiere Pro CC 2015 中，可以对添加到剪辑上的过渡效果进行设置，以满足不同特效的需要。在"时间线"面板中选择添加到素材的过渡效果（此时选择的是 翻转 ），此时在"效果控件"面板中便会显示出该视频过渡的各项参数，如图 2-75 所示。

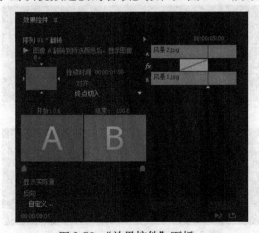

图 2-75　"效果控件"面板

- ▶（播放过渡）：单击该按钮，可以在下面的预览窗口中对效果进行预览。
- ▶（显示/隐藏时间线视图）：如果要增大过渡控制面板空间，可以单击此按钮，将"效果控件"右侧进行隐藏，效果如图 2-76 所示；如果要取消隐藏，可以单击▓按钮，即可恢复时间线显示。

图 2-76　隐藏面板右侧的效果

- 持续时间：用于设定切换的持续时间。
- 对齐：用于设置切换的添加位置，其下拉列表如图 2-77 所示。选择"中心切入"则会在两段影片之间加入切换效果，如图 2-78 所示；选择"起点切入"，则会以片段 B 的入点位置为准建立切点，如图 2-79 所示；选择"终点切入"，则会以片段 A 的出点位置为准建立切点，如图 2-80 所示。

图 2-77　"对齐"下拉列表

图 2-78　选择"中心切入"的效果

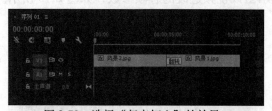

图 2-79　选择"起点切入"的效果

图 2-80　选择"终点切入"的效果

- 开始：用于调整转场的开始效果。
- 结束：用于调整转场的结束效果。
- A 和 B：表示剪辑的切换画面，通常第一个剪辑的切换画面用 A 表示，第二个剪辑的切换画面用 B 表示。
- 显示实际源：选中该复选框，将以实际的画面替代 A 和 B，如图 2-81 所示。
- 反向：选中该复选框后，将反向播放切换效果。如图 2-82 所示为选中"反向"复选框的效果。

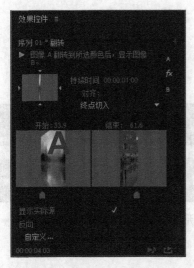

图 2-81　显示实际来源的效果

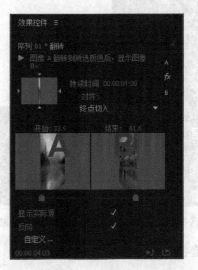

图 2-82　选中"反转"复选框的效果

2.5.2　添加视频特效

相信使用过 Photoshop 的用户不会对滤镜感到陌生，通过各种滤镜，可以对图像进行加工，为原始图像添加各种特效。在 Premiere Pro CC 2015 中也能使用各种视频特效，例如扭曲、模糊、风吹及幻影等，这些特效增强了影片的吸引力。

1. 给素材添加视频特效

给素材添加视频特效的具体操作步骤如下：

1）选择"文件|导入"命令，导入网盘中的"素材及结果\第 2 章 Premiere Pro CC 2015 的基础知识\风景 1.jpg"图片，然后将其拖入"时间线"面板，如图 2-83 所示。

图 2-83　将"风景 1.jpg"拖入"时间线"面板

2）选择"窗口|效果"命令，调出"效果"面板，然后展开"视频效果"文件夹，从中选择所需的视频特效（此时选择的是"扭曲"中的"波形变形"），如图2-84所示。接着将该视频特效拖到时间线"风景1"素材上，此时"时间线"面板中"风景1"素材左上方的灰色标记 会变为浅紫色，表示已添加了视频特效，如图2-85所示。

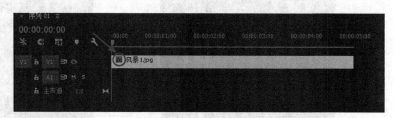

图2-84　选择"波形变形"　　　　　图2-85　将"波形变形"特效添加到"风景1.jpg"

2. 改变视频特效的设置

改变视频特效设置的具体操作步骤如下：

1）在"时间线"面板中选择要调整视频特效参数的素材（此时选择的是"风景1"）。

2）在"效果控件"面板中选择要调整参数的特效（此时选择的是前面添加的"波形变形"特效），将其展开，如图2-86所示。

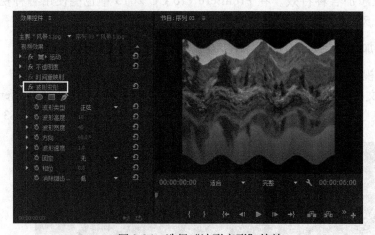

图2-86　选择"波形变形"特效

3）对特效参数进行设置后，即可看到效果，如图2-87所示。

提示：如果要恢复默认的视频特效的设置，只要在"效果控件"面板中单击要恢复默认设置的视频特效后面的 🔄（重置效果）按钮即可。

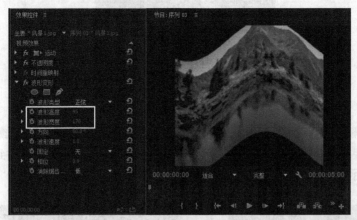

图 2-87　设置"波形变形"特效参数

4）在编辑过程中有时需要取消某个视频特效的显示，此时单击要取消的视频特效前面的 ▣ 按钮，即可取消该视频特效的显示，如图 2-88 所示。

图 2-88　取消"波形变形"特效的显示

3.删除视频特效

当某段素材不再需要视频特效时，可以将其删除。删除视频特效的具体操作步骤如下：

1）在"效果控件"面板中选择要删除的视频特效。

2）按〈Delete〉键，即可将该视频特效删除。

4.复制/粘贴视频特效

当多个素材要使用相同的视频特效时，复制、粘贴视频特效可以减少操作步骤，加快影片剪辑的速度。复制/粘贴视频特效的具体操作步骤如下：

1）选择要复制视频特效的素材。然后在"效果控件"面板中右击视频效果，从弹出的快捷菜单中选择"复制"命令，如图 2-89 所示。

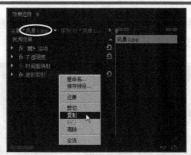

图 2-89　选择"复制"命令

2）选择要粘贴视频特效的素材，然后右击"效果控件"面板的空白区域，从弹出的快捷菜单中选择"粘贴"命令，如图 2-90 所示，即可将复制的视频效果粘贴到新的素材上，效果如图 2-91 所示。

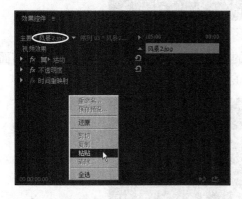

图 2-90　选择"粘贴"命令

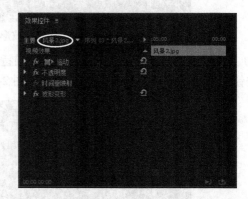

图 2-91　在新素材上"粘贴"视频特效的效果

2.5.3　添加音频

一般的节目都是由视频和音频两部分组成的。利用 Premiere Pro CC 2015 不仅可以编辑视频，还可以编辑音频。

1. Premiere Pro CC 2015 对音频的处理方式

在 Premiere Pro CC 2015 中对音频进行处理有以下 3 种方法：

● 在"时间线"面板的音频轨道上通过修改关键帧的方式对音频素材进行操作，如图 2-92 所示。

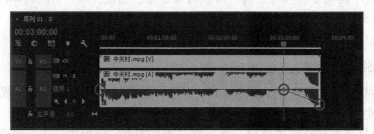

图 2-92　通过修改关键帧的方式对音频素材进行操作

● 使用右键菜单中的相关命令来编辑所选的音频素材，如图 2-93 所示。

● 在图 2-94 所示的"效果"面板中的"音频效果"文件夹中为音频素材添加音频特效，以改变音频素材的效果。

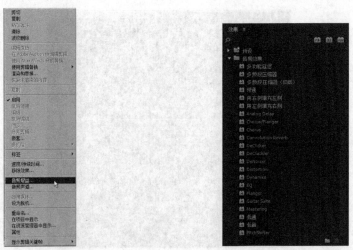

图 2-93 音频的相关命令　　　　　　　　图 2-94 "音频效果"文件夹

2. 设置音频参数

在影片编辑中，可以使用立体声和单声道的音频素材。在确定了影片输出后的声道属性后，就需要在音频编辑前，先将项目文件的音频格式设置为相应的模式。方法：选择"文件 | 新建 | 序列"命令，在弹出的"新建序列"对话框的"轨道"选项卡中选择需要的声道模式即可，如图 2-95 所示。

选择"文件 | 项目设置 | 常规"命令，在弹出的"项目设置"对话框中对音频的采样频率及显示格式进行设置，如图 2-96 所示。

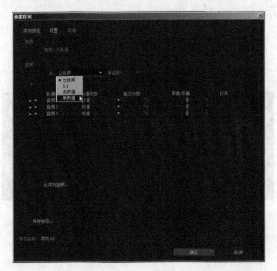

图 2-95 在"轨道"选项卡中选择需要的声道模式

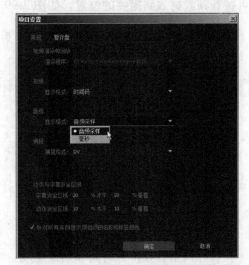

图 2-96 设置音频的采样频率及显示格式

选择"编辑|首选项|音频"命令，在弹出的"首选项"对话框中，通过设置"音频"的参数来完成对音频素材属性的一些初始设置，如图 2-97 所示。

图 2-97　设置"音频"的参数

3. 添加音频素材

添加音频素材的具体操作步骤如下：

1）选择"文件|导入"命令，在弹出的"导入"对话框中选择网盘中的"素材及结果\第2 章 Premiere Pro CC 2015 的基础知识\音频 1.MP3"音频文件，如图 2-98 所示，单击"打开"按钮，将其导入"项目"面板中。

2）在"项目"面板中选择刚才导入的"音频 1.MP3"音频文件，然后按住鼠标将其拖入"时间线"面板的音频轨道上，此时音频轨道上会出现一个矩形块，接着拖动矩形块，即可将音频素材放到需要的位置，如图 2-99 所示。

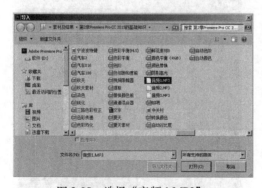

图 2-98　选择"音频 1.MP3"

图 2-99　将音频素材放到需要的位置

4. 编辑音频素材

（1）调整音频持续时间和播放速度

与视频素材的编辑处理一样，在应用音频素材时，也可以对其播放速度和时间长度进行修改，具体操作步骤如下：

1）选择要调整的音频素材，选择"剪辑|速度/持续时间"命令，在弹出的对话框中对音频的持续时间进行调整，如图 2-100 所示。

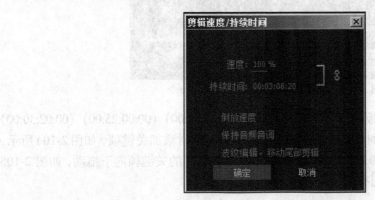

图 2-100　调整"音频"的持续时间

2）另外，也可以在"时间线"面板中直接拖动音频的边缘，以改变音频轨道上音频素材的长度，并可利用 （剃刀工具）将音频多余的部分去除。

（2）调节音频增益

音频增益指的是音频信号的声调高低。当一个视频片段同时拥有几个视频素材时，就需要平衡这几个素材的增益，如果一个素材的音频信号偏高或偏低，就会严重影响播放时的音频效果。调整音频增益的具体操作步骤如下：

1）选择"时间线"面板中需要调整的音频素材，此时素材会以深色显示。然后右击，从弹出的快捷菜单中选择"音频增益"命令，此时会弹出如图 2-101 所示的"音频增益"对话框。

2）在弹出的"音频增益"对话框中，将鼠标指针移动到对话框的数值上，当指针变为手形标记时，按下鼠标左键并左右拖动鼠标光标，即可改变增益值，如图 2-102 所示，设置完毕，单击"确定"按钮即可。

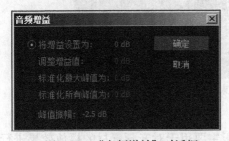

图 2-101　"音频增益"对话框

图 2-102　改变增益值

（3）声音的淡入和淡出

在许多影片中的开始和结束处都使用了声音的淡入和淡出变化，这样可以使场景内容的出现和消失更加自然。在 Premiere Pro CC 2015 中，使用关键帧制作音频的淡入和淡出效果的具体操作步骤如下：

1）在"时间线"面板中，单击音频素材所在轨道面板中的 按钮，在弹出的下拉菜单中选择"轨道关键帧|音量"命令，如图 2-103 所示。

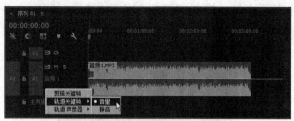

图 2-103　选择"轨道关键帧 | 音量"命令

2）分别在"时间线"面板的"音频 1"轨道的（00:00:00:00）（00:00:25:00）（00:02:30:00）和（00:03:08:20）处按下 ◇（添加 / 删除关键帧）按钮，为音频素材添加关键帧，如图 2-104 所示。然后分别将音频起始点（00:00:00:00）和结束点（00:03:08:20）的关键帧向下拖动，如图 2-105 所示，即可制作出淡入和淡出效果。

提示：如果在轨道面板中单击 ◆ 按钮，在弹出的下拉菜单中选择"轨道声像器 | 平衡"命令，则可通过添加关键帧设置音频素材的声音摇摆效果，即将单声道的声音改造成左右声道来回切换播放的效果。

图 2-104　为音频素材添加关键帧

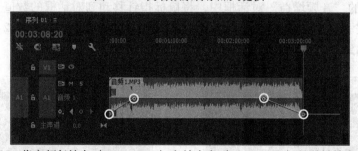

图 2-105　将音频起始点（00:00:00:00）和结束点（00:03:08:20）的关键帧向下拖动

5. 使用"音轨混合器"面板

在前面已经简单介绍过，"音轨混合器"面板主要用于对音频素材的播放效果进行编辑和实时控制。下面就来介绍该面板的使用方法。"音轨混合器"面板如图 2-106 所示，该面板为每一条音轨都提供了一套控制方法，每条音轨也根据"时间线"面板中的相应音频轨道进行编号，使用该面板可以设置每条轨道的音量大小、静音等。

（1）声道调节滑轮

声道调节滑轮如图 2-107 所示。如果对象为双声道音频，可以使用声道调节滑轮调节播放声道。向左拖动滑轮，则输出到左声道（L）的声音会增大；向右拖动滑轮，则输出到右声道（R）的声音会增大，也可以在按钮下面的数值栏中直接输入数值来控制左右声道，如图 2-107 所示。

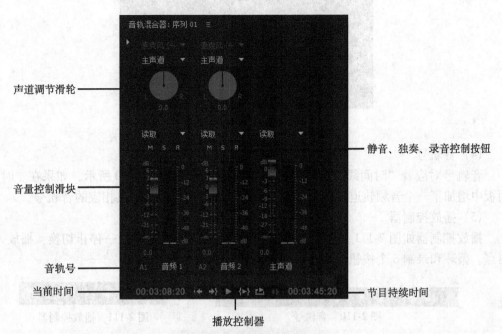

声道调节滑轮

音量控制滑块

音轨号

当前时间

静音、独奏、录音控制按钮

节目持续时间

播放控制器

图 2-106　"音轨混合器"面板

图 2-107　声道调节滑轮

（2）静音、独奏、启用轨道以进行录制按钮

静音、独奏、录音控制按钮如图 2-108 所示。单击■（静音轨道）按钮，则该轨道会设置为静音状态；单击■（独奏轨道）按钮，则其他未选中独奏按钮的音频轨道会自动设置为静音状态；单击■（启用轨道以进行录制）按钮，则可以利用输入设备将声音录制到目标轨道上。

图 2-108　静音、独奏、启用轨道已进行录制按钮

（3）音量控制滑块

音量控制滑块如图 2-109 所示。通过音量控制滑块可以控制当前轨道对象的音量，Premiere Pro CC 2015 以分贝数(dB)来显示音量。向上拖动滑块，可以增大音量；向下拖动滑块，可以减小音量。下方数值栏中显示的是当前音量，用户也可以直接在数值栏中输入声音分贝数。播放音频时，面板左侧为音量表，显示为红色时，表示该音频音量超过极限，音量过大。

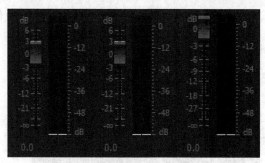

图 2-109　音量控制滑块

（4）音轨号

音轨号对应着"时间线"面板中的各个音频轨道，如图 2-110 所示。如果在"时间线"面板中增加了一个音频轨道，在"音轨混合器"面板中也会显示出相应的音轨号。

（5）播放控制器

播放控制器如图 2-111 所示，包括跳转入点、跳转出点、播放—停止切换、播放入点到出点、循坏和录制 6 个按钮，用于播放和录制音频。

图 2-110　音轨号

图 2-111　播放控制器

6. 使用音频特效

Premiere Pro CC 2015 包含 46 种音频特效，它们位于"效果"面板的"音频效果"文件夹中。用户可以通过"效果控件"面板中的控件来调整它们。在"效果"面板的"音频效果"文件夹中选择相应的音频效果，然后将其拖到"时间线"面板的相应音频素材上，释放鼠标，即可为音频素材添加音频效果。应用音频效果后，在音频上将出现一条紫色线，表示该素材已经应用了音频效果。

7. 录制音频素材

音频素材可以使用现有文件，也可以通过录制获得。录制音频的设备相当简单，只需要一台个人计算机、一款不错的声卡及一个麦克风即可。

使用 Windows 录音机录制声音是所有录制方法中最简单和最常见的，具体操作步骤如下：

1）选择"开始 | 所有程序 | 附件 | 录音机"命令，打开"声音 - 录音机"面板，如图 2-112 所示。

2）将麦克风插入声卡的 Line in 插口，然后单击 按钮开始录制声音。

3）Windows 录音机会在录制长度达到 60s 后自动停止录音，此时再次单击 按钮即可继续进行录制，也可以随时单击 按钮停止录音。

4）录制完毕，单击 按钮，即可预听录制的声音。

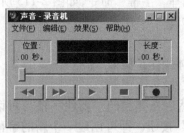

图 2-112 "声音 - 录音机"面板

2.5.4 添加字幕

字幕是影视制作中常用的信息表现元素，纯画面信息不可能完全取代文字信息的功能。很多影视的片头都会用到精彩的标题字幕，以使影片更为完整。在 Premiere Pro CC 2015 的字幕设计窗口中，提供了文字字幕的编辑和图形绘制两种功能，从而方便了用户在文字方面的编辑工作。

1. 创建字幕

创建字幕的方法有以下 3 种：

（1）使用菜单命令创建字幕

使用菜单命令创建字幕的具体操作步骤如下：

1）启动 Premiere Pro CC 2015 后，选择"文件 | 新建 | 字幕"命令。

2）在弹出的如图 2-113 所示的"新建字幕"对话框中设置参数，单击"确定"按钮，然后在弹出的图 2-114a 所示的对话框中继续设置参数，单击"确定"按钮，即可创建一个新的字幕。此时"项目"面板中会显示出新建的字幕，如图 2-114b 所示。

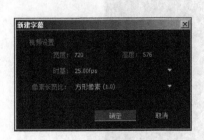

图 2-113 "新建字幕"对话框

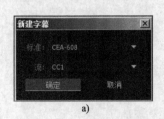

a)

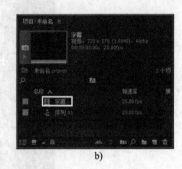

b)

图 2-1114 新建字幕

a)"新建字幕"对话框 2 b) 新建的字幕

（2）在"项目"面板中创建字幕

在"项目"面板中创建字幕的具体操作步骤如下：

1）打开一个项目文件，然后单击"项目"面板下方的（新建项）按钮。

2）在弹出的下拉菜单中选择"字幕"命令，如图 2-115 所示，即可创建一个新的字幕设计窗口。

（3）使用快捷键创建字幕

使用快捷键创建字幕的具体操作步骤如下：

1）打开或新建一个项目文件。

2）按快捷键〈Ctrl+T〉，然后在弹出的"新建字幕"对话框中设置相应参数，单击"确定"按钮，即可创建一个新的字幕设计窗口。

图 2-115　选择"字幕"命令

2. 打开已有的字幕文件

打开已有的字幕文件的具体操作步骤如下：

1）打开一个项目文件。

2）选择"文件|导入"命令，或者在"项目"面板空白处双击鼠标，从弹出的"导入"对话框中选择要导入的扩展名为 .prtl 的字幕类型文件，单击"打开"按钮，即可将该文件导入到"项目"面板中。

3. 字幕设计窗口

在创建了一个新的空白字幕后，还需要进行很多细致的设置操作，才能制作出用户所需的高质量的字幕。下面就对创建字幕的字幕设计窗口进行具体讲解，从而为用户制作高质量字幕打下坚实的基础。字幕设计窗口包括"字幕""字幕工具""字幕动作""字幕样式"和"字幕属性"5 个面板，如图 2-116 所示。

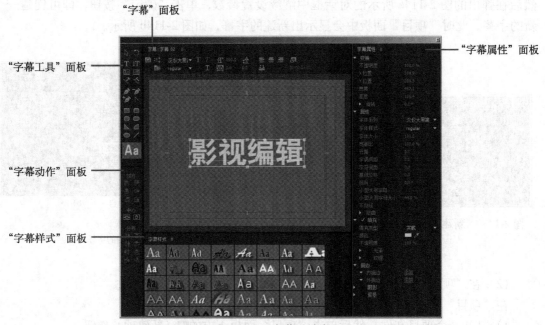

图 2-116　字幕设计窗口

(1)"字幕"面板

"字幕"面板位于字幕设计窗口的中央，是创建、编辑字幕的主要区域，用户不仅可以在该面板中直观地了解字幕应用于影片后的效果，还可直接对其进行修改。

"字幕"面板分为属性栏和编辑窗口两部分，如图 2-117 所示。其中编辑窗口用于创建和编辑字幕；属性栏包含字体、字体样式等字幕对象常见的属性设置项，利用属性栏快速调整字幕对象，从而提高创建及修改字幕时的工作效率。

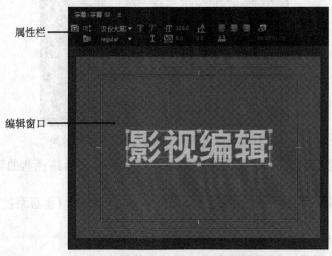

图 2-117　"字幕"面板

(2)"字幕工具"面板

"字幕工具"面板位于字幕设计窗口的左上方，如图 2-118 所示，包含了制作和编辑字幕时所要用到的工具。利用这些工具，用户不仅可以在字幕内加入文本，还可绘制简单的几何图形。

下面介绍"字幕工具"面板中各按钮的含义。

- ●　(选择工具)：用于选定窗口中的文字或图像，配合〈Shift〉键，可以同时选择多个对象。选中的对象四周将会出现控制点。
- ●　(旋转工具)：用于对字幕文本进行旋转。
- ●　(文字工具)：用于在字幕设计窗口中输入水平方向的文字。选择该工具，然后将鼠标移动到字幕设计窗口的安全区中单击，即可在出现的矩形框中输入文本。

图 2-118　"字幕工具"面板

- ●　(垂直文字工具)：用于在字幕设计窗口中输入垂直方向的文字。
- ●　(区域文字工具)：用于在字幕设计窗口中输入水平方向的多行文本。选择该工具，然后将鼠标移动到字幕设计窗口的安全区中，按住鼠标左键并拖动出矩形区域，接着即可在出现的矩形框中输入文字。
- ●　(垂直区域文字工具)：用于在字幕设计窗口中输入垂直方向的多行文本。

- （路径文字工具）：用于在字幕设计窗口中输入沿路径弯曲且平行于路径的文本。选择该工具，然后将鼠标移动到字幕设计窗口的安全区中，单击指定路径，接着即可在路径上输入文字。如图 2-119 所示为使用路径文字工具输入文本的效果。

图 2-119　使用路径文字工具输入文本的效果

- （垂直路径文字工具）：用于在字幕设计窗口中输入沿路径弯曲且垂直于路径的文本。
- （钢笔工具）：用于绘制使用 （路径文字工具）和 （垂直路径文字工具）输入的文本路径。
- （添加锚点工具）：用于添加在文本路径上的锚点。
- （删除锚点工具）：用于删除在文本路径上的锚点。
- （转换锚点工具）：用于调整文本路径的平滑度。
- （矩形工具）：用于绘制带有填充色和线框色的矩形。配合〈Shift〉键，可绘制出正方形。
- （圆角矩形工具）：用于绘制带有圆角的矩形，如图 2-120 所示。
- （切角矩形工具）：用于绘制带有斜角的矩形，如图 2-121 所示。
- （圆矩形工具）：用于绘制左右两端是圆弧形的矩形，如图 2-122 所示。

图 2-120　圆角矩形　　　　　图 2-121　切角矩形　　　　　图 2-122　圆矩形

- （楔形工具）：用于绘制三角形。配合〈Shift〉键，可绘制出直角三角形。
- （弧形工具）：用于绘制弧形。
- （椭圆工具）：用于绘制椭圆形。配合〈Shift〉键，可绘制出正圆。
- （直线工具）：用于在字幕设计窗口中绘制线段。

（3）"字幕动作"面板

"字幕动作"面板位于字幕设计窗口的左下方，用于在"字幕"面板的编辑窗口对齐或排列所选对象。"字幕动作"面板中的工具按钮分为"对齐""居中"
和"分布"3 个选项组，如图 2-123 所示。下面介绍"对齐"选项
组中按钮的含义。

- （水平靠左）：用于将所选对象以最左侧对象的左边线为
  基准进行对齐。
- （垂直靠上）：用于将所选对象以最上方对象的顶边线为
  基准进行对齐。
- （水平居中）：用于在竖排时，以上面第 1 个对象的中心
  为基准对齐；横排时，以选择的对象横向的中间位置为基准
  对齐。
- （垂直居中）：用于在横排时，以左侧第 1 个对象的中心
  为基准对齐；竖排时，以选择的对象横向的中间位置为基准
  对齐。

图 2-123　"字幕动作"面板

- （水平靠右）：用于将所选对象以最右侧对象的右边线为基准进行对齐。
- （垂直靠下）：用于将所选对象以最下方对象的底边线为基准进行对齐。

"居中"选项组中的按钮只有在选择两个对象之后才能被激活，下面介绍它们的含义。

- （垂直居中）：用于在水平方向上与视频画面的垂直中心保持一致。
- （水平居中）：用于在垂直方向上与视频画面的水平中心保持一致。

"分布"选项组中的按钮只有在选择至少 3 个对象后才能被激活，下面介绍它们的含义。

- （水平靠左）：用于以左右两侧对象的左边线为界，使相邻对象左边线的间距保持
  一致。
- （垂直靠上）：用于以上下两侧对象的顶边线为界，使相邻对象顶边线的间距保持
  一致。
- （水平居中）：用于以左右两侧对象的垂直中心线为界，使相邻对象中心线的间距
  保持一致。
- （垂直居中）：用于以上下两侧对象的水平中心线为界，使相邻对象中心线的间距
  保持一致。
- （水平靠右）：用于以左右两侧对象的右边线为界，使相邻对象右边线的间距保持
  一致。
- （垂直靠下）：用于以上下两侧对象的底边线为界，使相邻对象底边线的间距保持
  一致。
- （水平等距间隔）：用于以左右两侧对象为界，使相邻对象的垂直间距保持一致。
- （垂直等距间隔）：用于以上下两侧对象为界，使相邻对象的水平间距保持一致。

（4）"字幕样式"面板

"字幕样式"面板位于字幕设计窗口的中下方，如图 2-124 所示。其中存放着 Premiere
Pro CC 2015 中的 89 种预置字幕样式。利用这些样式，用户可以在创建字幕后，快速获得各
种精美的字幕效果。

提示：字幕样式可应用于所有的字幕对象，包括文本和图形。

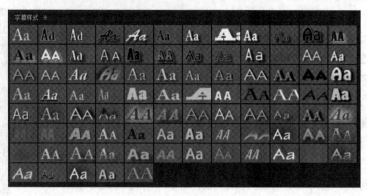

图 2-124 "字幕样式"面板

（5）"字幕属性"面板

"字幕属性"面板位于字幕设计窗口的右侧，如图 2-125 所示，包括"变换""属性""填充""描边""阴影"和"背景"6 个参数区域。利用这些参数选项，用户不仅可以对字幕中文字和图形的位置、大小、颜色等基本属性进行调整，还可以为其定制描边与阴影效果。下面就来介绍"字幕属性"面板中的相关参数。

1）变换。

"变换"选项区域的参数用于设置选定对象的"不透明度""位置""宽度""高度"和"旋转"属性。

- 不透明度：用于设置对象的不透明度。
- X 位置：用于设置对象在 X 轴的坐标。
- Y 位置：用于设置对象在 Y 轴的坐标。
- 宽度：用于设置对象的宽度。
- 高度：用于设置对象的高度。
- 旋转：用于设置对象的旋转角度。

2）属性。

"属性"选项区域的参数用于设置字体、字体大小、字偶间距等属性。

- 字体系列：在该下拉列表中包含系统中安装的所有字体。
- 字体样式：在该下拉列表中包含字体一般加粗、倾斜等样式。
- 字体大小：用于设置字体的大小。
- 宽高比：用于设置字体的长宽比。如图 2-126 所示为设置不同"宽高比"数值的效果比较。
- 行距：用于设置行与行之间的距离。如图 2-127 所示为设置不同"行距"数值的效果比较。

图 2-125 "字幕属性"面板

- 字偶间距：用于设置光标位置处前后字符之间的距离，可在光标位置处形成两段有一定距离的字符。如图 2-128 所示为设置不同"字偶间距"数值的效果比较。

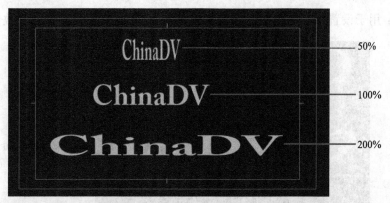

图 2-126 设置不同"宽高比"数值的效果比较

a)

b)

图 2-127 设置不同"行距"数值的效果比较

a)"行距"为 100 b)"行距"为 200

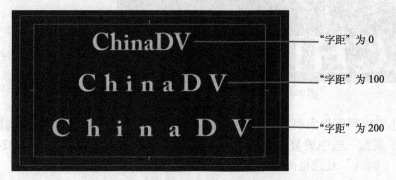

图 2-128 设置不同"字偶间距"数值的效果比较

- 字符间距：用于设置文字 X 坐标的基准，可以与字偶间距配合使用，输入从左往右排列的文字。
- 基线位移：用于设置输入文字的基线位置，通过改变该项的数值，可以方便地设置上标和下标。如图 2-129 所示为设置不同"基线位移"数值的效果比较。

a)

b)   c)

图 2-129 设置不同"基线位移"数值的效果比较

a)"基线位移"为 0 b)"基线位移"为 -50 c)"基线位移"为 50

● 倾斜：用于设置字符是否倾斜。如图 2-130 所示为设置不同"倾斜"数值的效果比较。

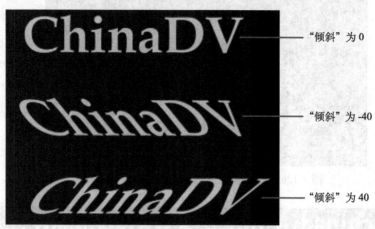

图 2-130　设置不同"倾斜"数值的效果比较

● 小型大写字母：选中该复选框后，可以输入大写字母，或者将已有的小写字母改为大写字母。如图 2-131 所示为选中"小型大写字母"复选框前后的效果比较。

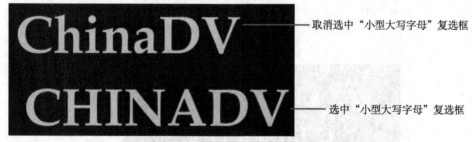

图 2-131　选中"小型大写字母"复选框前后的效果比较

● 小型大写字母大小：小写字母改为大写字母后，可以利用该项来调整大小。
● 下画线：选中该复选框后，可以在文本下方添加下画线。如图 2-132 所示为选中"下画线"复选框前后的效果比较。

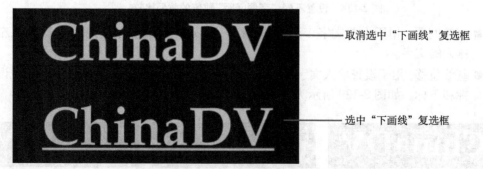

图 2-132　选中"下画线"复选框前后的效果比较

● 扭曲：用于对文本进行扭曲设置。通过调节 X 轴向和 Y 轴向的扭曲度，可以产生变化多端的文本形状。如图 2-133 所示为设置不同数值的效果比较。

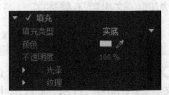

"X 向变形"和"Y 向变形"均为 0

"X 向变形"为 50，"Y 向变形"为 0

"X 向变形"为 0，"Y 向变形"为 50

图 2-133　设置不同"扭曲"数值的效果比较

3）填充。

"填充"选项区域如图 2-134 所示，用于为指定的文本或图形设置填充色。

● 填充类型：在右侧的下拉列表中提供了"实底""线性渐变""径向渐变""四色渐变""斜面""消除"和"重影"7 种填充类型可供选择，如图 2-135 所示。

图 2-134　"填充"选项区域的参数　　　图 2-135　填充类型

● 颜色：用于设置填充颜色。
● 不透明度：用于设置填充色的不透明度。
● 光泽：选中该复选框后，可为对象添加一条辉光线。
● 纹理：选中该复选框后，可为字幕设置纹理效果。

4）描边。

"描边"选项区域如图 2-136 所示，用于为对象设置描边效果。Premiere Pro CC 2015 提供了"内描边"和"外描边"两种描边效果。要应用描边效果首先要单击右侧的"添加"按钮，此时会显示出相关参数，如图 2-137 所示，然后通过设置相关参数选项完成描边设置。如图 2-138 所示为文字设置"外描边"的描边效果。

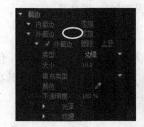

图 2-136 "描边"选项区域的参数　图 2-137　单击"添加"按钮　　图 2-138　"外侧边"的描边效果

5）阴影。

"阴影"选项区域如图 2-139 所示，用于为字幕添加阴影效果。

● 颜色：用于设置阴影的颜色。

● 不透明度：用于设置阴影颜色的不透明度。

● 角度：用于设置阴影的角度。

● 距离：用于设置阴影的距离。

● 大小：用于设置阴影的大小。

● 扩散：用于设置阴影的模糊程度。

图 2-139 "阴影"选项区域的参数

如图 2-140 所示为文字设置"阴影"参数后的效果。

图 2-140 为文字设置"阴影"参数后的效果

6）背景。

该选项区域的参数与"填充"选项区域相同，这里就不赘述了。

（6）安全区

在字幕设计窗口中显示了两个实线框，如图 2-141 所示。其中内部实线框是字幕标题安全区，外部实线框是字幕动作安全区。如果文字或图形在动作安全区外，那么它们将不会在某些 NTSC 制式的显示器或电视中显示出来，即使能在 NTSC 显示器上显示出来，也会出现模糊或变形，这是编辑字幕时需要注意的地方。

图 2-141 安全区

4. 字幕的模板

在 Premiere Pro CC 2015 中预置了大量精美的字幕模板，借助这些字幕模板可以快速完成字幕素材的创建工作，从而减少编辑项目所花费的时间，提高工作效率。下面就来具体讲解字幕模板的相关操作。

（1）基于模板创建字幕

基于模板创建字幕的具体操作步骤如下：

1）选择"字幕|新建字幕|基于模板"菜单命令。

2）在弹出的"新建字幕"对话框的左侧字幕模板列表内选择一个字幕模板，此时在右侧预览区域内即可看到该模板的效果，如图 2-142 所示。

3）单击"确定"按钮，即可利用所选模板创建字幕，如图 2-143 所示。

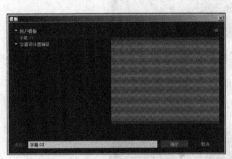

图 2-142　选择字幕模板　　　　　　　　　　　图 2-143　利用模板创建字幕

4）在字幕中调整字幕文本、图形及其他元素的属性后，即可得到一个全新的字幕素材，如图 2-144 所示。

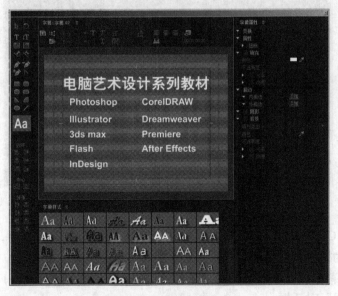

图 2-144　调整字幕内容

（2）为字幕应用字幕模板

Premiere Pro CC 2015 不仅能够直接从字幕模板创建字幕素材，还允许用户在编辑字幕的过程中应用字幕模板。为字幕应用模板的具体操作步骤如下：

1）在字幕设计窗口中单击"字幕"面板属性栏中的 ▓▓（模板）按钮，打开"模板"对话框。然后从中选择一个模板文件，如图 2-145 所示。

图 2-145　选择所需的"模板"文件

2）单击"确定"按钮，即可将选择的字幕模板应用在当前字幕中，效果如图 2-146 所示。
（3）将当前字幕保存为模板

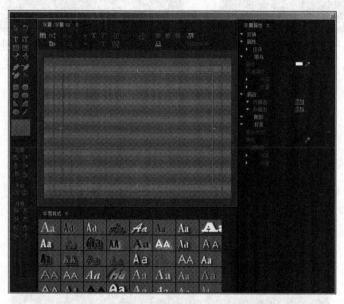

图 2-146　将字幕模板应用在字幕中的效果

Premiere Pro CC 2015 不仅允许用户利用字幕模板快速创建字幕素材，还允许将当前所编辑的字幕保存为模板。将当前字幕保存为模板的具体操作步骤如下：

1）在完成字幕编辑工作后，单击"字幕"面板属性栏中的■（模板）按钮，如图 2-147所示。弹出"模板"对话框。

2）单击"模板"对话框右上角的■按钮，从弹出的快捷菜单中选择"导入当前字幕为模板"命令，如图 2-148 所示。然后在弹出的"另存为"对话框中输入模板名称，如图 2-149 所示，单击"确定"按钮，即可将当前字幕设置为字幕模板。此时在"模板"对话框左侧列表中可以看到刚创建的自定义模板，如图 2-150 所示。

图 2-147 单击"字幕"面板属性栏中的 （模板）按钮

图 2-148 选择"导入当前字幕为模板"命令

图 2-149 输入模板名称

图 2-150 自定义的模板

5. 字幕的添加

单击字幕设计窗口中"字幕"面板属性栏中的 按钮（滚动 / 游动选项）按钮，在弹出的如图 2-151 所示的"滚动 / 游动选项"对话框中可以看到 Premiere Pro CC 2015 可以创建"静止图像""滚动""向左游动"和"向右游动"4 种字幕类型。

图 2-151 "滚动 / 游动选项"对话框

其中静态字幕是静止的，通常用于制作画面中的标题文字或一般的介绍信息。静态字幕本身不会运动，要使其运动，可以在"特效控制台"中对建立好的字幕进行运动选项的设置。而滚动和游动字幕则是本身可以产生运动的字幕。下面就来讲解滚动和游动字幕的具体制作方法。

（1）滚动字幕

滚动字幕的效果是从屏幕下方逐渐向上运动，在影视节目制作中多用于节目末尾演职员表的制作。制作滚动字幕的具体操作步骤如下：

1）选择"字幕 | 新建字幕 | 默认滚动字幕"菜单命令，然后在弹出的如图 2-152 所示的"新建字幕"对话框中设置字幕素材的属性，单击"确定"按钮，新建一个字幕文件。

2）在新建的字幕文件中输入要进行滚动的字幕内容（此时输入的是"影视剪辑"4个字），如图 2-153 所示。

图 2-152 "新建字幕"对话框

图 2-153 输入要进行滚动的字幕内容

3）单击字幕设计窗口中"字幕"面板属性栏中的▓（滚动 / 游动选项）按钮，然后在弹出的"滚动 / 游动选项"对话框中选中"开始于屏幕外"和"结束于屏幕外"复选框，如图 2-154 所示，单击"确定"按钮。

4）从"项目"面板中将制作好的滚动字幕拖入"时间线"面板中，然后单击"节目"监视器中的▶按钮，即可看到从下往上滚动的字幕效果，如图 2-155 所示。

图 2-154　设置滚动字幕的参数

图 2-155　滚动字幕的效果截图

（2）游动字幕

游动字幕是指在屏幕上进行水平运动的动态字幕类型，分为从左到右游动和从右往左游动两种方式。其中，从右往左游动是游动字幕的默认设置。下面制作一个从左往右游动的字幕效果，具体操作步骤如下：

1）选择"字幕 | 新建字幕 | 默认游动字幕"命令，然后在弹出的如图 2-156 所示的"新建字幕"对话框中设置字幕素材的属性后，单击"确定"按钮，新建一个字幕文件。

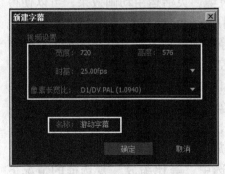

图 2-156　"新建字幕"对话框

2）在新建的字幕文件中输入要进行游动的字幕内容（此时输入的是"2018 年贺岁大片"），如图 2-157 所示。

3）单击字幕设计窗口中"字幕"面板属性栏中的▓▓（滚动 / 游动选项）按钮，然后在弹出的"滚动 / 游动选项"对话框中选中"开始于屏幕外"和"结束于屏幕外"复选框，如图 2-158 所示，单击"确定"按钮。

图 2-157　输入游动字幕的内容　　　　　　图 2-158　设置游动字幕的参数

4）从"项目"面板中将制作好的滚动字幕拖入"时间线"面板中，然后单击"节目"监视器中的■按钮，即可看到从左往右游动的字幕效果，如图 2-159 所示。

图 2-159　从左往右游动的字幕效果

2.5.5　添加运动效果

运动是多媒体设计的灵魂，灵活运用动画效果，可以使得视频作品更加丰富多彩。利用 Premiere Pro CC 2015 可以轻松地制作出位移、缩放、旋转等各种运动效果。将素材拖入"时间线"面板中，然后在"效果控件"面板中展开"运动"选项区域，此时可以看到"运动"选项区域中的相关参数，如图 2-160 所示。

- 位置：用于设置对象在屏幕中的位置坐标。
- 缩放：当选中"等比缩放"复选框时，显示为此选项。用于调节对象的缩放宽度。
- 缩放宽度：在取消选中"等比缩放"复选框的情况下可以设置对象的宽度。

图 2-160　"效果控件"面板

- 旋转：用于设置对象在屏幕中的旋转角度。
- 锚点：用于设置对象的旋转或移动控制点。
- 抗闪烁滤镜：用于消除视频中闪烁的对象。

1. 使用关键帧

运动效果的实现离不开关键帧的设置。所谓关键帧是指在时间上的一个特定点，在该点上可以运用不同的效果。当在关键帧上运用不同特效时，Premiere Pro CC 2015 会自动对关键帧之间的部分进行插补运算，使其平滑过渡。下面就来讲解关键帧的相关操作。

（1）添加关键帧

如果要为影片剪辑的素材创建运动特效，便需要为其添加多个关键帧。添加关键帧的具体操作步骤如下：

1）在"时间线"面板中选择要编辑的素材（此时选择的是"风景 3.jpg"），如图 2-161 所示。

图 2-161　选择要编辑的素材

2）进入"效果控件"面板，然后展开"运动"选项区域，再将时间滑块移动到要添加关键帧的位置，单击相关特性左侧的 按钮（这里选择的是"缩放"特性），此时相应的特性关键帧会被激活，显示为 状态，且在当前时间编辑线处将添加一个关键帧，如图 2-162 所示。

3）移动当前时间滑块到下一个要添加关键帧的位置，然后调整参数，此时软件会在当前时间滑块处自动添加一个关键帧，如图 2-163 所示。

提示：在"效果控件"面板中单击 （添加 / 移除关键帧）按钮，也可以手动添加一个关键帧。

图 2-162　添加一个关键帧

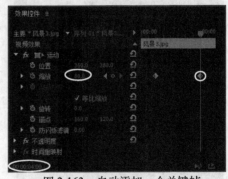

图 2-163　自动添加一个关键帧

（2）删除关键帧

删除关键帧的具体操作步骤如下：

1）选择要删除的关键帧，按〈Delete〉键。

2）如果要删除某一特性所有的关键帧，可以单击相关特性左侧的 按钮，此时会弹出如图 2-164 所示的警告对话框，单击"确定"按钮，则该属性上的所有关键帧将被删除。

图 2-164　警告对话框

（3）移动关键帧

移动关键帧的具体操作步骤如下：

1）单击要选择的关键帧。

2）按住鼠标将关键帧拖动到适当位置即可。

（4）剪切与粘贴关键帧

剪切关键帧的具体操作步骤如下：

1）选择要剪切的关键帧，右击，从弹出的快捷菜单中选择"剪切"命令，如图 2-165 所示。

2）移动时间滑块到要粘贴关键帧的位置，如图 2-166 所示。然后右击，从弹出的快捷菜单中选择"粘贴"命令，如图 2-167 所示。则剪切的关键帧将被粘贴到指定位置，如图 2-168 所示。

图 2-165　选择"剪切"命令

图 2-166　移动时间滑块到要粘贴关键帧的位置

图 2-167　选择"粘贴"命令

图 2-168　粘贴关键帧的效果

（5）复制与粘贴关键帧

在创建运动特效的过程中，如果多个素材中的关键帧具有相同的参数，则可利用复制和粘贴关键帧的方法来提高操作效率。复制与粘贴关键帧的具体操作步骤如下：

1）在"时间线"面板中选择要复制关键帧的素材（此时选择的是"风景 3.jpg"），然后在"效果控件"面板中选择要复制的关键帧（此时选择的是两个关键帧），接着右击，从弹出的快捷菜单中选择"复制"命令，如图 2-169 所示。

2）在"时间线"面板中选择要粘贴关键帧的素材（此时选择的是"风景 1.jpg"），如图 2-170 所示。然后在"效果控件"面板中将时间滑块移动到要粘贴关键帧的位置，接着右击，从弹出的快捷菜单中选择"粘贴"命令，如图 2-171 所示。则复制的关键帧将被粘贴到指定位置，如图 2-172 所示。

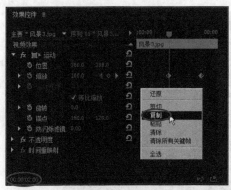

图 2-169　选择"复制"命令

图 2-170　选择要粘贴关键帧的素材

图 2-171　选择"粘贴"命令

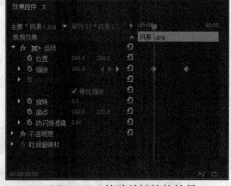

图 2-172　粘贴关键帧的效果

2. 运动效果的添加

运动是剪辑千变万化的灵魂所在。它可以实现多种特效，特别是对于静态图片，利用运动效果是其增色的有效途径。在 Premiere Pro CC 2015 中的运动效果可分为"位置"运动、"缩放"运动、"旋转"运动和"锚点"运动 4 种。下面就来具体说明。

（1）"位置"运动效果

添加"位置"运动效果的具体操作步骤如下：

1）在"时间线"面板中选择要添加"位置"运动效果的素材（此时选择的是"风景 3.jpg"），如图 2-173 所示。

2）在"效果控件"面板中展开"运动"选项，如图 2-174 所示。

提示：如果"效果控件"面板隐藏，可以选择"窗口|特效控制台"命令，调出该面板。

图 2-173　选择要添加"位置"运动效果的素材

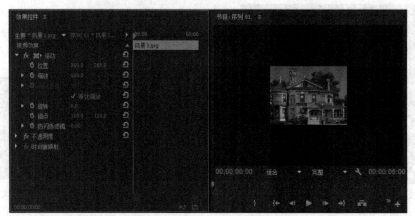

图 2-174　在"效果控件"面板中展开"运动"选项

3）将时间滑块移动到素材运动开始的位置（此时移动到的位置为 00:00:00:00），然后单击"位置"特性左侧的 按钮，此时"位置"特性的关键帧会被激活，显示为 状态，且在当前时间位置处添加一个关键帧。接着在"位置"右侧输入 X 和 Y 坐标数值，如图 2-175 所示。

图 2-175　在 00:00:00:00 处调整"位置"的参数

4）将时间滑块移动到下一个要添加"位置"关键帧的位置（此时移动到的位置为 00:00:03:00），然后对位置再次进行调整，此时软件会自动添加一个关键帧，如图 2-176 所示。

5）单击"节目"监视器中的 按钮，即可看到素材从左往右运动的效果，如图 2-177 所示。

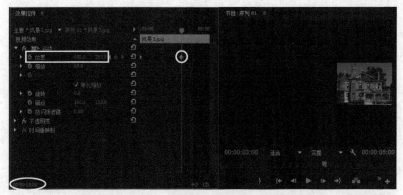

图 2-176　在 00:00:03:00 处调整"位置"的参数

图 2-177　素材从左往右运动的效果

（2）"缩放"运动效果

利用"缩放"运动效果，可以制作出镜头推拉的效果。添加"缩放"运动效果的具体操作步骤如下：

1）在"时间线"面板中选择要添加"缩放"运动的素材（此时选择的是"风景 4.jpg"），如图 2-178 所示。

图 2-178　选择要添加"缩放"运动效果的素材

2）在"效果控件"面板中展开"运动"选项区域，如图 2-179 所示。

3）将时间滑块移动到素材要设置第 1 个"缩放"关键帧的位置，然后单击"缩放"特性左侧的█按钮，添加一个关键帧。接着在"缩放"右侧输入数值，如图 2-180 所示。

4）将时间滑块移动到素材要设置第 2 个"缩放"关键帧的位置，然后在"缩放"右侧重新输入数值，此时软件会自动添加一个关键帧，如图 2-181 所示。

5）单击"节目"监视器中的█按钮，即可看到素材从大变小的效果，如图 2-182 所示。

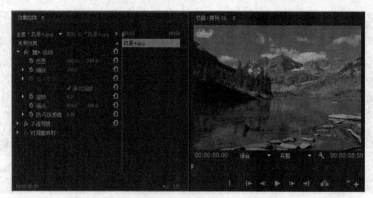

图 2-179　在"效果控件"面板中展开"运动"选项区域

图 2-180　在 00:00:00:00 处调整"缩放"的参数

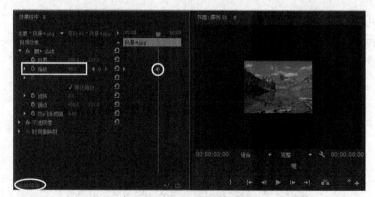

图 2-181　在 00:00:03:00 处调整"缩放"的参数

图 2-182　素材从大变小的效果

（3）"旋转"运动效果

利用"旋转"运动效果，可以制作出摇镜头的效果。添加"旋转"运动效果的具体操作步骤如下：

1）在"时间线"面板中选择要添加"旋转"运动的素材（此时选择的是"风景 5.jpg"），如图 2-183 所示。

图 2-183　选择要添加"旋转"运动的素材

2）在"效果控件"面板中展开"运动"选项区域，如图 2-184 所示。

图 2-184　在"效果控件"面板中展开"运动"选项区域

3）将时间滑块移动到素材要设置第 1 个"旋转"关键帧的位置，然后单击"旋转"特性左侧的 按钮，添加一个关键帧。接着在"旋转"右侧输入数值，如图 2-185 所示。

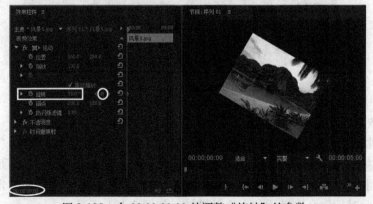

图 2-185　在 00:00:00:00 处调整"旋转"的参数

4）将时间滑块移动到要设置第 2 个旋转关键帧的位置，然后在"旋转"右侧重新输入数值，此时会自动添加一个关键帧，如图 2-186 所示。

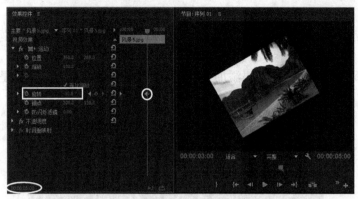

图 2-186　在 00:00:03:00 处调整"旋转"的参数

5）单击"节目"监视器中的 ▶ 按钮，即可看到素材的旋转动画效果，如图 2-187 所示。

图 2-187　素材的旋转动画效果

（4）"锚点"运动效果

"锚点"就是对象的中心点，"锚点"的位置不同，旋转等效果也就不同。添加"锚点"运动效果的具体操作步骤如下：

1）在"时间线"面板中选择要添加"锚点"运动的素材（此时选择的是"风景 6.jpg"），如图 2-188 所示。

图 2-188　选择要添加"锚点"运动的素材

2）在"效果控件"面板中展开"运动"选项，如图 2-189 所示。

3）将时间滑块移动到素材要设置第 1 个"锚点"关键帧的位置，单击"锚点"特性左侧的 ⏱ 按钮，添加一个关键帧。然后在"锚点"右侧输入数值，如图 2-190 所示。

4）将时间滑块移动到要设置第 2 个"锚点"关键帧的位置，然后在"定位点"右侧重新输入数值，此时软件会自动添加一个关键帧，如图 2-191 所示。

5）单击"节目"监视器中的 ▶ 按钮，即可看到素材由于定位点的变化而产生的动画效果，如图 2-192 所示。

图 2-189　在"效果控件"面板中展开"运动"选项区域

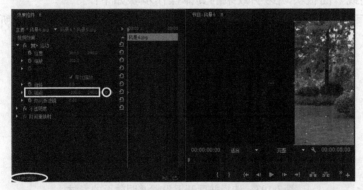

图 2-190　在 00:00:00:00 处调整"锚点"的参数

图 2-191　在 00:00:03:00 处调整"锚点"的参数

图 2-192　素材的锚点动画效果

2.5.6 添加透明效果

制作影片时，降低素材的不透明度可以使素材画面呈现透明或半透明效果，从而利于各素材之间的混合处理。例如，在武侠影片中，大侠快速如飞的场面。实际上，演员只是在单色背景前做出类似动作，然后在实际的剪辑制作时将背景设置为透明，接着将这个片段叠加到天空背景片段上，以此来实现效果。此外，还可以使用添加关键帧的方法，使素材产生淡入或淡出的效果。

在Premiere Pro CC 2015中可以通过"时间线"面板或者"效果控件"面板来实现透明效果，下面就来进行具体讲解。

1. 使用"时间线"面板实现透明效果

使用"时间线"面板实现透明效果的具体操作步骤如下：

1）在"时间线"面板选择并展开要设置透明效果的素材，如图 2-193 所示。

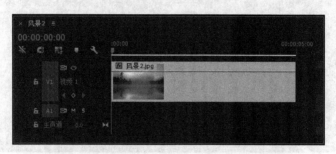

图 2-193　选择并展开要设置透明效果的素材

2）分别在"时间线"面板中该素材的起点、终点和中间位置处单击 🔾（添加 - 移除关键帧）按钮，各添加一个不透明度关键帧，如图 2-194 所示。

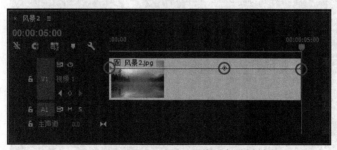

图 2-194　添加不透明度关键帧

3）利用"工具"面板中的 🔧（选择工具）向下移动起点和终点的不透明度关键帧，如图 2-195 所示。

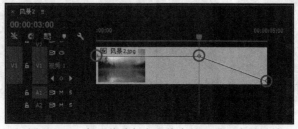

图 2-195　向下移动起点和终点的不透明度关键帧

4）单击"节目"监视器中的■按钮，即可看到素材的淡入淡出效果，如图 2-196 所示。

图 2-196　素材的淡入淡出效果

2. 使用"效果控件"面板实现透明效果

使用"效果控件"面板来实现透明效果的具体操作步骤如下：

1）在"时间线"面板中选择要设置透明效果的素材。

2）在"效果控件"面板中展开"不透明度"选项，然后将时间滑块移动到素材的起点位置 00:00:00 :00，单击■按钮，添加一个不透明度关键帧，然后设置输入数值，如图 2-197 所示。接着将时间滑块线移动到素材的终点位置 00:00:04:24，单击■按钮，添加一个与起点透明度相同的不透明度关键帧，如图 2-198 所示。

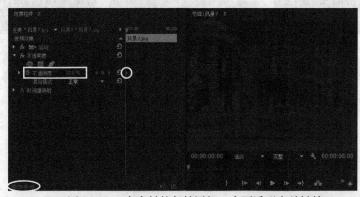

图 2-197　在素材的起始添加一个不透明度关键帧

图 2-198　在素材的终点添加一个不透明度关键帧

3）将时间滑块移动到 00:00:02:10 的位置，然后调整不透明度的参数为 100%，此时软件会在该处自动添加一个不透明度关键帧，如图 2-199 所示。

图 2-199　设置 00:00:02:10 处的不透明度为 100%

4）单击"节目"监视器中的 ▶ 按钮，即可看到素材的淡入淡出效果，如图 2-200 所示。

图 2-200　素材的淡入淡出效果

5）如果要取消透明效果，可以单击"不透明度"前的 🔘 按钮，此时会弹出如图 2-201 所示的"警告"对话框，单击"确定"按钮，即可将不透明度关键帧删除。

图 2-201　"警告"对话框

6）如果要重置参数，可以单击"不透明度"后面的 🔁（重置）按钮，即可将当前关键帧的参数修改为默认参数。

2.6　调整与校正画面色彩

在素材拍摄阶段由于很难控制视频拍摄环境内的光照条件和景物对画面的影响，常常会遇到视频画面出现或暗淡、或明亮、或颜色投影等问题。为了解决这个问题，Premiere Pro CC 2015 为用户提供了一系列专门用于调整图像亮度、对比度和颜色的特效滤镜。虽然这些滤镜无法取代良好光照条件下拍摄出的高品质素材，但能尽量校正素材对最终影片所造成的影响。下面就来具体介绍这些滤镜的使用方法。

2.6.1　颜色模式

目前，大多数影视节目的最终播放平台仍以电视、电影等传统视频平台为主，但制作这些节目的编辑平台却大多以计算机为基础。这就使得以计算机为运行平台的非线性编辑软件在处理和调整图像时往往不会基于电视工程学技术，而是采用了计算机创建颜色的基本原理。因此在学习使用 Premiere Pro CC 2015 调整视频素材色彩之前，需要首先了解有关色彩及计算机颜色理论的相关知识。

1. 色彩与视觉原理

对人们来说，色彩是由于光线刺激眼睛产生的一种视觉效应。也就是说，光色并存，人们的色彩感觉离不开光，只有在含有光线的场景内人们才能够看到色彩。

2. 色彩三要素

在色彩学中，颜色通常被定义为一种通过传导的感觉印象，即视觉效应。同触觉、嗅觉和痛觉一样，视觉的起因是刺激，而该刺激便来源于光线的辐射。

在日常生活中，人们在观察物体色彩的同时，也会注意到物体的形状、面积、材质、肌理，以及该物体的功能及其所处的环境。通常来说，这些因素也会影响人们对色彩的感觉。为了寻找规律，人们对感性的色彩认知进行分析，并最终得出了色相、亮度与饱和度这 3 种构成色彩的基本要素。

（1）色相

色相也称为色泽。简单地说，当人们在生活中称呼某一颜色的名称时，脑海内所浮现出的色彩便是色相的概念。也正是由于色彩具有这种具体的特征，人们才能感受到一个五彩缤纷的世界。

（2）饱和度

饱和度指的是色彩的纯净程度，即纯度。在所有的可见光中，有波长较为单一的，也有波长较为混杂的，还有处于两者之间的。其中，黑、白、灰等无彩色的光线即为波长最为混杂的色彩，这是由于饱和度、色相感的逐渐消失而造成的。

从色彩纯度的方面来看，红、橙、黄、绿、青、蓝、紫这几种颜色是纯度最高的颜色，因此又被称为纯色。

从色彩的成分来看，饱和度取决于该色彩中的含色成分与消色成分（黑、白、灰）之间的比例。简单地说，含色成分越多，饱和度越高；消色成分越多，饱和度越低。例如，当在红色中混入白色时，虽然仍旧具有红色色相的特征，但其鲜艳程度会逐渐降低，称为淡红色；当混入黑色时，则会逐渐成为暗红色；当混入亮度相同的中性灰时，色彩会逐渐成为灰红色。

（3）亮度

亮度是所有色彩都具有的属性，指的是色彩的明暗程度。在色彩搭配中，亮度关系是颜色搭配的基础。一般来说，通过不同亮度的对比，能够突出表现物体的立体感与空间感。

就色彩在不同亮度下所显现的效果来看，色彩的亮度越高，颜色就越淡，并最终表现为白色；反之，色彩的亮度越低，颜色就越重，并最终表现为黑色。

3. RGB 颜色原理

RGB 色彩模式是工业界的一种颜色标准。这种模式包括三原色——红（R）、绿（G）、蓝（B），每种色彩都有 256 种颜色，每种色彩的取值范围是 0~255，这 3 种色彩混合可产生

16 777 216 种颜色。RGB 模式几乎包括了人类视力所能感知的所有颜色，是目前运用最为广泛的颜色系统之一。这种模式是一种加色模式（理论上），因为当 R、G、B 都为 255 时，为白色；均为 0 时，为黑色；R、G、B 为相等数值时，为灰色。换句话说，可把 R、G、B 理解成 3 盏灯光，当这 3 盏灯都打开，且为最大数值 255 时，即可产生白色；当这 3 盏灯全部关闭时，即为黑色。

4. HLS 颜色模式

HLS 是 Hue（色相）、Luminance（亮度）和 Saturation（饱和度）的缩写。该颜色模式是通过指定色彩的色相、亮度与饱和度来获取颜色的，因此许多人认为 HLS 颜色模式较 RGB 颜色模式更为直观。按照 HLS 颜色模式来指定颜色时，可以在彩虹光谱上选取色调、选择饱和度（颜色的纯度），并设置亮度（由明到暗）。以橘黄色为例，这是一种饱和度高并且明亮的颜色，因此在选择"黄"色相后，应该将饱和度（S）设置为 100%，亮度（L）则以 50% 左右为宜，如图 2-202 所示。

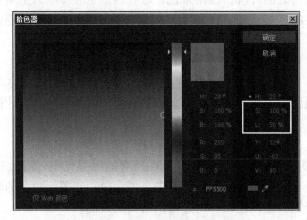

图 2-202　使用 HLS 模式选择色彩

5. YUV 颜色系统

在现代彩色电视系统中，拍摄节目时采用的通常是三管彩色摄像机或彩色 CCD（点耦合器件）摄像机。此类摄像机会将拍摄好的彩色图像信号经过分色、分别放大校正后得到 RGB 颜色，再经过矩阵变换电路得到亮度信号 Y 和两个色差信号 R-Y（即 U）、B-Y（即 V），最后发送端将亮度和色差 3 个信号分别进行编码，用同一信道发送出去。

YUV 颜色系统的重要性在于它的亮度信号 Y 和色差信号 U、V 是相互分离的。此时，如果只有 Y 信号分量，而没有 U、V 分量，则表示图像为黑白灰度图。这样一来，便解决了彩色电视机与黑白电视机的兼容问题。

2.6.2　调整类特效

Premiere Pro CC 2015 中的调整类特效主要是通过调整图像的色阶、阴影或高光，以及亮度、对比度等方式，以达到优化影像质量或实现某种特殊画面效果的目的。调整类特效包括 "ProcAmp""光照效果""卷积内核""提取""自动对比度""自动色阶""自动颜色""色阶"和 "阴影 / 高光" 9 种特效，如图 2-203 所示。

图 2-203　"调整"类特效

1. "ProcAmp"特效

"ProcAmp"特效可以分别调整影片的亮度、对比度、色相与饱和度。其参数面板如图 2-204 所示。下面介绍该面板中主要参数的含义。

- 亮度：用于控制当前素材的亮度。
- 对比度：用于控制当前素材的对比度。
- 色相：用于控制当前素材的色调。
- 饱和度：用于控制当前素材的色彩饱和度。
- 拆分屏幕：选中该复选框后，可以将屏幕划分为两个部分，以便对比调节参数前后的效果。如图 2-205 所示为选中该复选框后的效果。如图 2-206 所示为取消选中"拆分屏幕"复选框后，调整"ProcAmp"特效参数前后的效果比较。
- 拆分百分比：用于控制调整参数前后的画面在屏幕中所占的比例。

图 2-204　"ProcAmp"特效的参数

图 2-205　选中"拆分屏幕"复选框后的效果

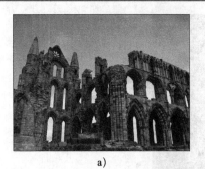
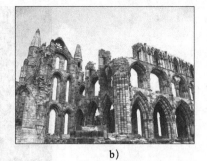

a)   b)

图 2-206 为素材添加"ProcAmp"特效前后的效果比较

a) 原图 b) 结果图

2."光照效果"特效

"光照效果"特效可以在一个素材上同时添加 5 个光照，并可以调节光照类型、光照颜色、中心、主要半径、次要半径、角度、强度、聚焦等属性，其参数面板如图 2-207 所示。如   图 2-208 所示为给素材添加"光照效果"特效前后的效果比较。

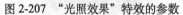

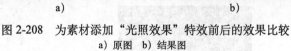

a)   b)

图 2-207 "光照效果"特效的参数   图 2-208 为素材添加"光照效果"特效前后的效果比较

a) 原图 b) 结果图

3."卷积内核"特效

"卷积内核"特效是根据数学卷积运算来改变素材中每个像素的值的。将"效果"面板中"视频效果"文件夹中的"卷积内核"特效拖到"时间线"面板中的相关素材上，此时在"效果控件"面板中会显示出该特效的相关参数，如图 2-209 所示。其中 M11~M33 这 9 项参数全部用于控制像素亮度，单独调整这些选项只能调整画面亮度的效果，如果组合使用这些选项，则可以让模糊的图像变得清晰起来。如图 2-210 所示为给素材添加"卷积内核"特效前后的效果比较。

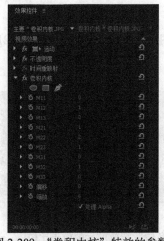

图 2-209　"卷积内核"特效的参数

a)　　　　　　　　　　b)

图 2-210　为素材添加"卷积内核"特效前后的效果比较

a) 原图　b) 结果图

4."提取"特效

"提取"特效可以从素材中吸取颜色,然后通过设置灰色的范围来控制影像的显示。其参数面板如图 2-211 所示。如图 2-212 所示为给素材添加"提取"特效前后的效果比较。

图 2-211　"提取"特效的参数

a)　　　　　　　　　　b)

图 2-212　为素材添加"提取"特效前后的效果比较

a) 原图　b) 结果图

5."自动对比度"特效

"自动对比度"特效用于调整素材总的色彩混合,去除偏色,其参数面板如图 2-213 所示。如图 2-214 所示为给素材添加"自动对比度"特效前后的效果比较。

图 2-213　"自动对比度"特效的参数

a)　　　　　　　　　　b)

图 2-214　为素材添加"自动对比度"特效前后的效果比较

a) 原图　b) 结果图

6. "自动色阶" 特效

"自动色阶" 特效用于自动调节素材的高光、阴影，其参数面板如图 2-215 所示。如图 2-216 所示为给素材添加 "自动色阶" 特效前后的效果比较。

a)　　　　　　　　　　　　　　b)

图 2-215　"自动色阶" 特效的参数　　　图 2-216　为素材添加 "自动色阶" 特效前后的效果比较

a）原图　b）结果图

7. "自动颜色" 特效

"自动颜色" 特效用于调节素材的黑色和白色像素的对比度，其参数面板如图 2-217 所示。如图 2-218 所示为给素材添加 "自动颜色" 特效前后的效果比较。

  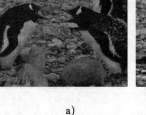 

a)　　　　　　　　　　　　　　b)

图 2-217　"自动颜色" 特效的参数　　　图 2-218　为素材添加 "自动颜色" 特效前后的效果比较

a）原图　b）结果图

8. "色阶" 特效

在 Premiere Pro CS6 数量众多的图像特效中，色阶是较为常用，且较为复杂的视频特效之一。"色阶" 特效用于精确调整素材阴影、中间调和高光的强度级别，从而校正图像的色调范围和色彩平衡，其参数面板如图 2-219 所示。如图 2-220 所示为给素材添加 "色阶" 特效前后的效果比较。

9. "阴影 / 高光" 特效

"阴影 / 高光" 特效能够基于阴影或高光区域，使其局部相邻像素的亮度提高或降低，从而校正由强逆光形成的剪影效果，其参数面板如图 2-221 所示。如图 2-222 所示为给素材添加 "阴影 / 高光" 特效前后的效果比较。

图 2-219 "色阶"特效的参数

图 2-220 为素材添加"色阶"特效前后的效果比较

a) 原图 b) 结果图

图 2-221 "阴影/高光"特效的参数

图 2-222 为素材添加"阴影/高光"特效前后的效果比较

a) 原图 b) 结果图

2.6.3 图像控制类特效

图像控制类视频特效的主要功能是更改或替换素材画面内的某些颜色,从而达到突出画面内容的目的。图像控制类特效包括"灰度系数(Gamma)校正""颜色过滤""颜色平衡(RGB)""颜色替换"和"黑白"5 种特效,如图 2-223 所示。

1."灰度系数校正"特效

"灰度系数校正"特效可以在不改变图像高亮区域和低亮区域的情况下使图像变亮或变暗,其参数面板如图 2-224 所示。如图 2-225 所示为给素材添加"灰度系数校正"特效前后的效果比较。

图 2-223 图像控制类特效

图2-224 "灰度系数校正"特效参数

a)　　　　　　　　　　　b)

图2-225 为素材添加"灰度系数校正"特效前后的效果比较

a）原图　b）结果图

2."颜色过滤"特效

"颜色过滤"特效用于将用户指定颜色及其相近色之外的彩色区域全部变为灰色图像。在实际应用中，通常用于过滤画面内除主体以外的其他景物及景物色彩，从而达到突出主要人物的目的，其参数面板如图2-226所示。如图2-227所示为给素材添加"颜色过滤"特效前后的效果比较。

图2-226 "颜色过滤"特效参数

a)　　　　　　　　　　　b)

图2-227 为素材添加"颜色过滤"特效前后的效果比较

a）原图　b）结果图

3."颜色平衡（RGB）"特效

"颜色平衡（RGB）"特效可以按RGB颜色模式调节素材的颜色，从而达到校色的目的，其参数面板如图2-228所示。如图2-229所示为给素材添加"颜色平衡（RGB）"特效前后的效果比较。

a)

b)

图 2-228　"颜色平衡（RGB）"特
效的参数

图 2-229　为素材添加"颜色平衡（RGB）"特效前后的效果比较

a）原图　b）结果图

4."颜色替换"特效

"颜色替换"特效可以在保持灰度不变的情况下，使用一种新的颜色代替选中的色彩，以及与之相似的色彩，其参数面板如图 2-230 所示。如图 2-231 所示为给素材添加"颜色替换"特效前后的效果比较。

a)　　　　　　　　　　　　　b)

图 2-230　"颜色替换"特效参数

图 2-231　为素材添加"颜色替换"特效前后的效果比较

a）原图　b）结果图

5."黑白"特效

"黑白"特效可以直接将彩色图像转换成灰度图像，其参数面板中没有任何参数，如图 2-232 所示。如图 2-233 所示为给素材添加"黑白"特效前后的效果比较。

a)

b)

图 2-232　"黑白"特效的参数

图 2-233　为素材添加"黑白"特效前后的效果比较

a）原图　b）结果图

2.6.4 颜色校正类特效

颜色校正类视频特效的主要作用是调节素材的色彩，从而修正受损的素材。其他类型的视频特效虽然也能够在一定程度上完成上述工作，但颜色校正类特效在色彩调整方面的控制选项更为详尽，因此对画面色彩的校正效果也更为专业，可控性也更强。颜色校正类特效包括"Lumetri Color""RGB 曲线""RGB 颜色校正器""三向颜色校正器""亮度与对比度""亮度曲线""亮度校正器""分色""均衡""快速颜色校正器""更改为颜色""更改颜色""色彩""视频限幅器""通道混合器""颜色平衡"和"颜色平衡（HLS）"17 种特效，如图 2-234 所示。

1. "Lumetri Color"特效

"Lumetri Color"特效允许用户简单、快速地进行基本的色彩

修正，如改善色彩平衡、对比度和图像的动态范围，其参数面板如图 2-235 所示。图 2-236 给素材添加"Lumetri Color"特效前后的效果比较。

图 2-234　色彩校正类特效

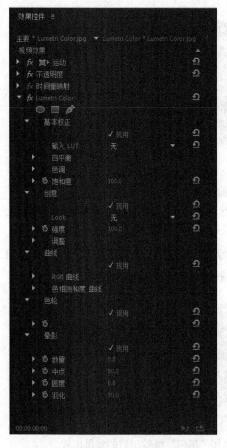

图 2-235　"Lumetri Color"特效参数

a)

b)

图 2-236　为素材添加"Lumetri Color"特效前后的效果比较
a）原图　b）结果图

2.“RGB 曲线”特效

“RGB 曲线”特效与调整类特效中的“色阶”特效功能相同，都能够调整素材的明暗关系和色彩变化。所不同的是，“色阶”特效只能够调整素材的阴影、高光和中间调 3 个区域，而“RGB 曲线”特效则能够平滑调整素材的 256 级灰度，在“RGB 曲线”特效中每一条颜色曲线上可以添加 16 个调节点，用于对素材颜色进行精确调整，从而获得更为细腻的画面调整效果。“RGB 曲线”特效参数面板如图 2-237 所示。如图 2-238 所示为给素材添加“RGB 曲线”特效前后的效果比较。

图 2-237　“RGB 曲线”特效参数

a)　　　　　　　　　　b)

图 2-238　为素材添加“RGB 曲线”特效前后的效果比较
a）原图　b）结果图

3.“RGB 颜色校正器”特效

“RGB 颜色校正器”特效可以通过色调调整图像，也可以通过通道调整图像。而且，该特效还将这些调整内容的参数选项拆分为“灰度系数”“基值”和“增益”3 个选项，从而使用户能够更为精确、细致地调整画面色彩、亮度等内容。“RGB 颜色校正器”参数面板如图 2-239 所示。如图 2-240 所示为给素材添加“RGB 颜色校正器”特效前后的效果比较。

4.“三向颜色校正器”特效

“三向颜色校正器”特效能够细微调整素材颜色的色调、饱和度和亮度。“三向颜色校正器”特效参数面板如图 2-241 所示。如图 2-242 所示为给素材添加“三向颜色校正器”特效前后的效果比较。

5.“亮度与对比度”特效

“亮度与对比度”特效用于调节画面的亮度和对比度。该特效会同时调整所有像素的亮部区域、暗部区域和中间色区域，但不能对单一通道进行调节。"亮度与对比度"特效参数面板如图 2-243 所示。如图 2-244 所示为给素材添加"亮度与对比度"特效前后的效果比较。

图 2-239 "RGB 颜色
校正器"特效参数

图 2-240 为素材添加"RGB 颜色校正器"特效前后的效果比较

a) 原图　b) 结果图

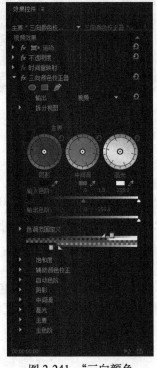

图 2-241 "三向颜色
校正器"特效参数

图 2-242 为素材添加"三向颜色校正器"特效前后的效果比较

a) 原图　b) 结果图

a)   b)

图 2-243 "亮度与对比度"特效的参数   图 2-244   为素材添加"亮度与对比度"特效前后的效果比较

a) 原图   b) 结果图

6. "亮度曲线"特效

"亮度曲线"特效与"RGB 曲线"特效都是通过曲线调整来控制图像的，但是"亮度曲线"特效只能调整对象的亮度曲线，而且只能对整个画面的亮度进行统一控制，无法单独调整每个通道的亮度。"亮度曲线"特效参数面板如图 2-245 所示。如图 2-246 所示为给素材添加"亮度曲线"特效前后的效果比较。

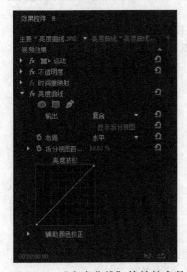

a)   b)

图 2-245 "亮度曲线"特效的参数   图 2-246   为素材添加"亮度曲线"特效前后的效果比较

a) 原图   b) 结果图

7. "亮度校正器"特效

"亮度校正器"特效用于调整色彩的色调范围在高光、中间调和阴影状态时的亮度。"亮度校正器"特效参数面板如图 2-247 所示。如图 2-248 所示为给素材添加"亮度校正器"特效前后的效果比较。

8. "分色"特效

"分色"特效用于去除素材中的色彩信息。与调整类特效中的"提取"特效所不同的是，"分色"特效并不会消除画面内的所有色彩信息，而能够有选择地保留画面内的部分色彩。

"分色"特效参数面板如图 2-249 所示。如图 2-250 所示为给素材添加"分色"特效前后的效果比较。

图 2-247 "亮度校正器"特效参数

a)   b)

图 2-248 为素材添加"亮度校正器"特效前后的效果比较

a) 原图 b) 结果图

图 2-249 "分色"特效参数

a)   b)

图 2-250 为素材添加"分色"特效前后的效果比较

a) 原图 b) 结果图

9. "均衡"特效

"均衡"特效可以通过 RGB、亮度和 Photoshop 样式 3 种方式来均衡素材的色彩。"均衡"特效参数面板如图 2-251 所示。如图 2-252 所示为给素材添加"均衡"特效前后的效果比较。

10. "快速颜色校正器"特效

"快速颜色校正器"特效可以通过色调平衡和角度控制器来调整素材颜色，也可以通过调整阴影、中间调和高光的电平进行调节。该特效调节得到的效果可以很快在"节目"监视器中看到。"快速颜色校正器"特效参数面板如图 2-253 所示。如图 2-254 所示为给素材添加"快速颜色校正器"特效前后的效果比较。

图 2-251　"均衡"特效参数

　　　　　　　　　　　　　　a)　　　　　　　　　　　　　　b)

图 2-252　为素材添加"均衡"特效前后的效果比较

a）原图　b）结果图

　　　　　　　　　　　　　　a)　　　　　　　　　　　　　　b)

图 2-253　"快速颜色校正器"特效参数　图 2-254　为素材添加"快速颜色校正器"特效前后的效果比较

a）原图　b）结果图

11. "更改颜色"特效

Premiere Pro CC 2015 为用户提供了多种将素材内的部分色彩更改为其他色彩的方法。在这些方法中，"更改颜色"特效是应用方法最简单且效果最佳的一种。该特效通过在素材色彩范围内调整色相、亮度与饱和度，从而改变色彩范围内的颜色。"更改颜色"特效参数面板如图 2-255 所示。如图 2-256 所示为给素材添加"更改颜色"特效前后的效果比较。

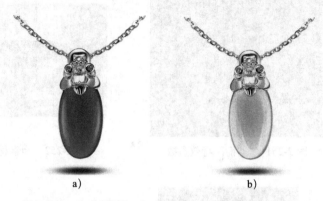

a)   b)

图 2-255 "更改颜色"特效参数　图 2-256 为素材添加"更改颜色"特效前后的效果比较

a) 原图　b) 结果图

12. "色彩"特效

"色彩"特效可以修改素材的颜色信息，并对每个像素施加一种混合效果。"色彩"特效参数面板如图 2-257 所示。如图 2-258 所示为给素材添加"色彩"特效前后的效果比较。

a)   b)

图 2-257 "色彩"特效的参数　　图 2-258 为素材添加"色彩"特效前后的效果比较

a) 原图　b) 结果图

13. "颜色平衡"特效

"颜色平衡"特效是指通过对素材阴影、中间调和高光下的红、绿、蓝三色的参数进行调整，实现对素材颜色平衡度的调节，其参数面板如图 2-259 所示。如图 2-260 所示为给素材添加"颜色平衡"特效前后的效果比较。

14. "颜色平衡（HLS）"特效

"颜色平衡（HLS）"特效是指通过对素材色相、饱和度与亮度进行调整，实现对素材颜色的平衡度的调节，其参数面板如图 2-261 所示。如图 2-262 所示为给素材添加"颜色平衡（HLS）"特效前后的效果比较。

图 2-259　"颜色平衡"特效的参数

图 2-260　为素材添加"颜色平衡"特效前后的效果比较

a) 原图　b) 结果图

图 2-261　"颜色平衡（HLS）"
特效的参数

图 2-262　为素材添加"颜色平衡（HLS）"特效前后的效果比较

a) 原图　b) 结果图

15. "视频限幅器"特效

"视频限幅器"特效用于控制素材的亮度和颜色，其参数面板如图 2-263 所示。如图 2-264 所示为给素材添加"视频限幅器"特效前后的效果比较。

图 2-263　"视频限幅器"特效的参数

图 2-264　为素材添加"视频限幅器"特效前后的效果比较

a) 原图　b) 结果图

16. "更改为颜色"特效

"更改为颜色"特效可以指定某种颜色，然后使用一种新的颜色替换指定的颜色，其参数面板如图 2-265 所示。如图 2-266 所示为给素材添加"更改为颜色"特效前后的效果比较。

a)　　　　　　　　　　　　b)

图 2-265　"更改为颜色"特效的参数　　图 2-266　为素材添加"更改为颜色"特效前后的效果比较

a) 原图　b) 结果图

17. "通道混合器"特效

"通道混合器"特效可以通过为每个通道设置不同的颜色偏移量来校正图像的色彩。其参数面板如图 2-267 所示。如图 2-268 所示为给素材添加"通道混合器"特效前后的效果比较。

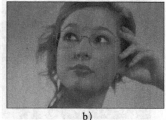

a)　　　　　　　　　　　　b)

图 2-267　"通道混合器"特效的参数　　图 2-268　为素材添加"通道混合器"特效前后的效果比较

a) 原图　b) 结果图

2.6.5　创建新元素

Premiere Pro CC 2015 除了可以使用导入的素材外，还可以建立一些新素材元素。下面就来进行具体讲解。

1. 创建通用倒计时片头

Premiere Pro CC 2015 为用户提供的"通用倒计时片头"命令，通常用于创建影片开始前的倒计时片头动画。利用该命令，用户不仅可以非常简便地创建一个标准的倒计时素材，还可在 Premiere Pro CC 2015 中随时对其进行修改。创建通用倒计时片头动画的具体操作步骤如下：

1）在"项目"面板中单击下方的（新建项目）按钮，然后从弹出的下拉菜单中选择"通用倒计时片头"命令，如图 2-269 所示。

图 2-269　选择"通用倒计时片头"命令

2）在弹出的如图 2-270 所示的"新建通用倒计时片头"对话框中设置相关参数后，单击"确定"按钮，进入"通用倒计时设置"对话框，如图 2-271 所示。

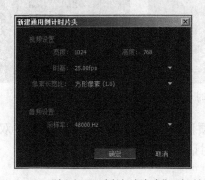

图 2-270　"新建通用倒计时片头"对话框　　图 2-271　"通用倒计时设置"对话框

下面介绍"通用倒计时设置"对话框中参数的含义。

● 擦除颜色：用于设置擦除后的颜色。在播放倒计时影片时，指示线会不停地围绕圆心转动，在指示线停止转动之后的颜色即为擦除色。
● 背景色：用于设置背景颜色。指示线转动之前的颜色即为背景色。
● 线条颜色：用于设置指示线颜色。固定的十字线及转动指示线的颜色由该选项设置。
● 目标颜色：用于设置圆形准心的颜色。

● 数字颜色：用于设置数字颜色。

3）设置完毕，单击"确定"按钮，即可将创建的通用倒计时片头放入"项目"面板，如图 2-272 所示。

图 2-272 "项目"面板中的"通用倒计时片头"素材

4）将"项目"面板中的"通用倒计时片头"素材拖入"时间线"面板中，然后在"节目"监视器中单击▶按钮，即可看到效果，如图 2-273 所示。

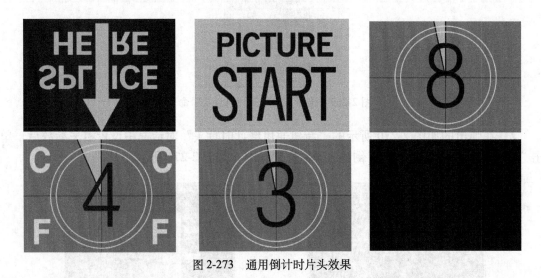

图 2-273 通用倒计时片头效果

5）如果要修改通用倒计时片头，可以在"项目"面板或"时间线"面板中双击倒计时素材，然后在打开的"通用倒计时片头设置"对话框中进行重新设置。

2. 创建彩条

在 Premiere Pro CC 2015 中，利用"彩条"命令，可以在影片开始前为其加入一段静态的彩条效果。创建彩条测试卡的具体操作步骤如下：

1）在"项目"面板中单击下方的 🔳（新建项目）按钮，然后从弹出的快捷菜单中选择"彩色"命令。

2）在弹出的如图 2-274 所示的"新建彩条"对话框中设置相关参数后，单击"确定"按钮，即可将创建的彩条放入"项目"面板，如图 2-275 所示。

图 2-274　"新建彩条"对话框

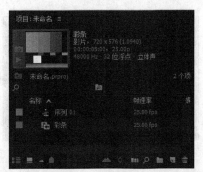

图 2-275　"项目"面板中的"彩条"素材

3. 创建黑场

所谓黑场，是指画面由纯黑色像素所组成的单色素材。在实际应用中，黑场通常用于影片的开头或结尾，起到引导观众进入或退出影片的作用。在 Premiere Pro CC 2015 中，利用"黑场"命令，可以为影片加入一段静态的黑场效果。创建黑场的具体操作步骤如下：

1）在"项目"面板中单击下方的 ▇（新建项目）按钮，然后从弹出的快捷菜单中选择"黑场视频"命令。

2）在弹出的如图 2-276 所示的"新建黑场视频"对话框中设置相关参数后，单击"确定"按钮，即可将创建的黑场放入"项目"面板，如图 2-277 所示。

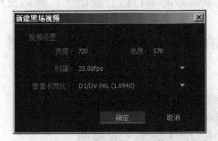

图 2-276　"新建黑场视频"对话框

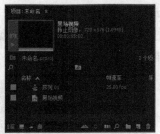

图 2-277　"项目"面板中的"黑场视频"素材

4. 创建颜色遮罩

从画面内容上看，颜色遮罩与黑场视频素材的效果极为类似，都是仅包含一种颜色的纯色素材。不同的是，用户无法控制黑场素材的颜色，却可以根据影片需求任意调整颜色遮罩素材的颜色。创建颜色遮罩的具体操作步骤如下：

1）在"项目"面板中单击下方的 ▇（新建项目）按钮，然后从弹出的快捷菜单中选择"颜色遮罩"命令。

2）在弹出的如图 2-278 所示的"新建颜色遮罩"对话框中设置相关参数后，单击"确定"按钮。然后在弹出的如图 2-279 所示的"拾色器"对话框中设置好颜色遮罩的颜色，单击"确定"按钮。接着在弹出的如图 2-280 所示"选择名称"对话框中输入颜色遮罩的名称，单击"确定"按钮，即可将创建的颜色遮罩放入"项目"面板，如图 2-281 所示。

图 2-278 "新建颜色遮罩"对话框

图 2-279 拾取颜色遮罩的颜色

图 2-280 输入颜色遮罩的名称

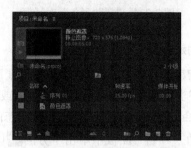

图 2-281 "项目"面板中的"颜色遮罩"素材

2.7 影片的输出

当视频、音频素材编辑完成后,接下来就可对编辑好的项目进行输出了,将其发布为最终作品。具体操作步骤如下:

1)在"时间线"面板中对素材进行编辑后,选择"文件|导出|媒体"命令,打开"导出设置"对话框,如图 2-282 所示。

图 2-282 "导出设置"对话框

下面介绍"导出设置"对话框中主要参数的含义如下：

● 格式：在右侧的下拉列表中可以根据需要选择要输出的文件格式，如图 2-283 所示。

● 预设：在右侧的下拉列表中可以选择软件预置的文件导出格式，如图 2-284 所示。

● 视频编解码器：在右侧的下拉列表中可以选择不同影片压缩格式的编解码器，如图 2-285 所示。选用的输出格式不同，对应的解码器也不同。

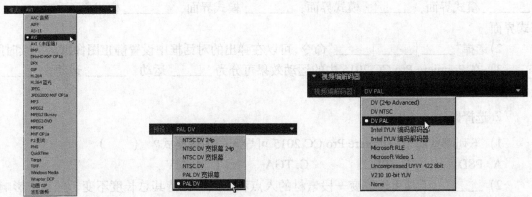

图 2-283 "格式"下拉列表　　　图 2-284 "预设"下拉列表　　　图 2-285 "视频编解码器"下拉列表

● 基本视频设置：用于设置影片的品质、帧速率和场类型等参数。

● 高级设置：用于设置影片的关键帧、扩展静帧图像等参数。

2) 单击"输出名称"后的超链接，然后在弹出的"另存为"对话框中设置导出文件的名称和路径，如图 2-286 所示，然后单击"保存"按钮，回到"导出设置"对话框。

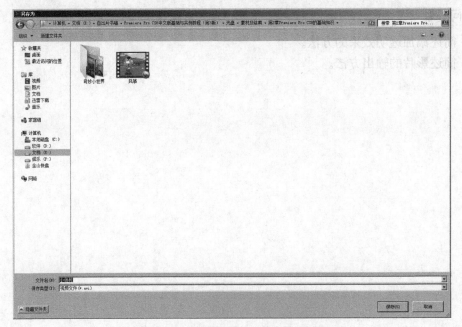

图 2-286 设置导出文件的名称和路径

3）在"导出设置"对话框中单击"确定"按钮，即可导出文件。

2.8 课后练习

1. 填空题

1）Premiere Pro CC 2015 提供了 6 种模式的界面，它们分别是 _____ 模式界面、_____ 模式界面、_____ 模式界面、_____ 模式界面、_____ 模式界面和 _____ 模式界面。

2）选择"____｜____｜____"命令，可以在弹出的对话框中设置静止图像默认持续时间。

3）在 Premiere Pro CC 2015 中的运动效果可分为 _____ 运动、_____ 运动、_____ 运动和 _____ 运动 4 种。

2. 选择题

1）下列哪些属于 Premiere Pro CC 2015 可导入的图像格式？（   ）

A. PSD   B. JPEG   C. TGA   D. WMV

2）_____ 工具用于改变一段素材的入点和出点，保持其总长度不变，并且不影响相邻的其他素材。（   ）

A. ▐◀▶▐   B. ⊹   C. ◀-   D. -▶

3）下列哪个按钮是用于设置入点的？（   ）

A. ▐   B. ▌   C. ◀▌   D. ▐▶

4）下列哪个按钮用于改变片段的播放速度？（   ）

A. ◀▶   B. ◆   C. ◀-   D. -▶

3. 问答题

1）简述添加透明效果的方法。

2）简述影片的输出方法。

第2部分 基础实例演练

第 3 章　关键帧动画和时间线嵌套

本章重点

关键帧动画是 Premiere Pro CC 2015 制作动画的基础，时间线嵌套则可以方便用户在多序列间进行操作。通过本章的学习，读者应掌握制作关键帧动画和时间线嵌套的方法。

3.1　制作风景宣传动画效果

 要点：

本例将制作 4 幅风景图片逐一进入画面，然后同时翻转充满整个画面的效果，如图 3-1 所示。通过本例的学习，读者应掌握设置 PAL 制式的静止图片持续时间、复制/粘贴关键帧，以及位置和旋转动画的制作方法。

图 3-1　风景宣传动画效果

 操作步骤：

1. 编辑图片素材

1) 新建项目文件。方法：启动 Premiere Pro CC 2015，然后单击"新建项目"按钮，如图 3-2 所示。接着在弹出的"新建项目"对话框中的"名称"文本框中输入"风景宣传动画效果"，如图 3-3 所示，单击"确定"按钮。

2) 新建"序列 01"序列文件。方法：单击"项目"面板下方的■（新建项目）按钮，从弹出的快捷菜单中选择"序列"命令，然后在弹出的"新建序列"对话框中设置参数，如图 3-4 所示，单击"确定"按钮。

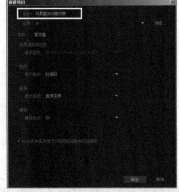

图 3-2　单击"新建项目"按钮　　图 3-3　在"名称"文本框中输入"风景宣传动画效果"

图 3-4 选择"标准 48kHz"

3）设置静止图片默认持续时间为 6s。方法：选择"编辑 | 首选项 | 常规"命令，在弹出的对话框中设置"静止图像默认持续时间"为 150 帧，如图 3-5 所示。然后在"首选项"对话框左侧选择"媒体"，再在右侧将"不确定的媒体时基"设置为 25.00f/s，如图 3-6 所示，单击"确定"按钮。

提示：在前面"序列预设"选项卡中，将 DV-PAL 的"时基"设为 25.00f/s，此时将"静止图像默认持续时间"设为 150 帧，这样导入的图像长度默认就会是 6s。

图 3-5 设置"静帧图像默认持续时间"为 150 帧　　图 3-6 将"不确定的媒体时基"设为 25.00f/s

4）导入图片素材。方法：选择"文件 | 导入"命令，然后在弹出的对话框中选择网盘中的"素材及结果 \ 第 3 章 关键帧动画和时间线嵌套 \3.1 制作风景宣传动画 \ 丛林 .jpg""高山 .jpg""田野 .jpg""大海 .jpg"文件，如图 3-7 所示，单击"打开"按钮。从而将素材导入"项目"面板。接着在"项目"面板下方单击■（图标视图）按钮，将素材以图标视图的形式进行显示。此时在选中相关素材后，"项目"面板上方会显示出其相关信息，如图 3-8 所示。

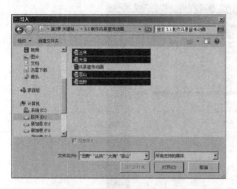

图 3-7　选择导入的图片

图 3-8　显示出相关信息

2. 制作图片水平移动动画

1）将"项目"面板中的"丛林.jpg"拖入"时间线"面板的 V1 轨道中，入点为 00:00:00:00，如图 3-9 所示，效果如图 3-10 所示。

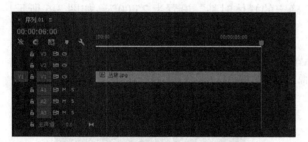

图 3-9　将"丛林.jpg"拖入 V1 轨道中

图 3-10　画面效果

2）将"丛林.jpg"图片的大小缩小一半。方法：选择"时间线"面板中的"丛林.jpg"素材，然后在"效果控件"面板中单击"运动"左侧的小三角，展开"运动"参数，接着将"缩放"设为 50.0，如图 3-11 所示，效果如图 3-12 所示。

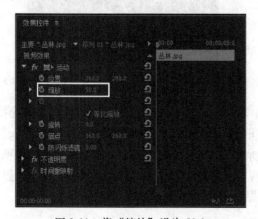

图 3-11　将"缩放"设为 50.0

图 3-12　将"缩放"设为 50.0 后的效果

提示：单击▶按钮，该按钮变为■状态，此时将隐藏关键帧编辑线；单击■按钮，该按钮变为▶状态，此时可以显示出关键帧相关信息。

3）制作"丛林 .jpg"的水平移动动画。方法：将时间滑块移动到 00:00:00:10 的位置，单击"位置"前的⦿按钮，该按钮会变为⦿，表示设置了关键帧，然后设置参数，如图 3-13 所示。接着将时间滑块移动到 00:00:00:00 处，参数设置如图 3-14 所示，此时在该处会自动添加一个关键帧。

提示：按住大键盘上的〈+〉或〈-〉键，可以对"时间线"面板中的关键帧编辑线进行放大或缩小显示。

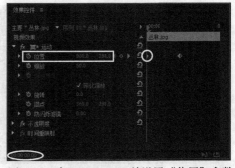

图 3-13　在 00:00:00:10 处设置"位置"参数　　　图 3-14　在 00:00:00:00 处设置"位置"参数

4）按下〈Enter〉键，预览动画，即可看到"丛林 .jpg"图片从右往左运动到窗口中央的效果，如图 3-15 所示。

图 3-15　"丛林 .jpg"图片从右运动到窗口中央的效果

5）将其他图片素材拖入"时间线"面板。方法：从"项目"面板中将"高山 .jpg"拖入"视频 2"中，入点为 00:00:00:10。然后从"项目"面板中将"田野 .jpg"拖入 V3 轨道中，入点为 00:00:00:20。接着将"大海 .jpg"拖到 V3 轨道上方的空白处，此时会自动产生一个 V4 轨道，最后将"大海 .jpg"的入点移动到 00:00:01:05 的位置，如图 3-16 所示。

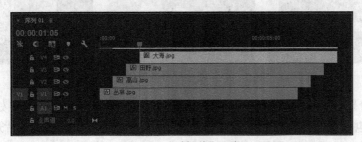

图 3-16　"时间线"面板

6）通过复制／粘贴关键帧的方式，制作 V2 轨道中的"高山 .jpg"素材从右往左运动到窗口中央的效果。方法：在"时间线"面板中选择 V1 轨道中的"丛林 .jpg"素材，然后进入"效果控件"面板，将时间滑块移动到 00:00:00:00 处，右击"运动"参数，接着从弹出的快捷菜单中选择"复制"命令，如图 3-17 所示，复制"运动"参数。再选择 V2 轨道中的"高山 .jpg"素材，进入"效果控件"面板，最后将时间滑块定位在 00:00:00:10 处，右击"运动"参数，从弹出的快捷菜单中选择"粘贴"命令，如图 3-18 所示，从而将 V1 轨道上的"运动"参数复制到 V2 轨道中，效果如图 3-19 所示。此时在"节目"监视器中单击▶按钮，即可看到"高山 .jpg"素材从右往左运动到窗口中央的效果，如图 3-20 所示。

图 3-17　选择"复制"命令

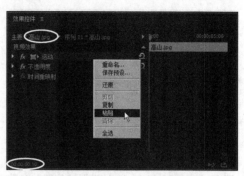

图 3-18　选择"粘贴"命令

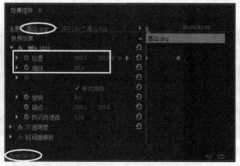

图 3-19　"粘贴"关键帧后的效果

图 3-20　"高山 .jpg"图片从右运动到窗口中央的效果

7）同理，分别在"视频 2"的 00:00:00:20 处和"视频 3"的 00:00:01:05 处粘贴"视频 1"的"运动"关键帧，此时在"节目"监视器中单击▶按钮，即可看到 4 幅图片逐一从右运动到窗口中央的效果，如图 3-21 所示。

图 3-21　4 幅图片从右逐一运动到窗口中央的效果

3. 制作多画面旋转动画

1）制作"丛林.jpg"的旋转动画。方法：为了便于观看效果，下面隐藏"视频 2"～"视频 4"，再选择"时间线"面板中的"丛林.jpg"素材，然后在"效果控件"面板中将时间滑块移动到 00:00:02:00 的位置，单击"位置"后的■按钮，插入一个位置关键帧。再单击"旋转"前面的■按钮，添加一个旋转关键帧，如图 3-22 所示。接着将时间滑块移动到 00:00:02:10 的位置，将"位置"的数值设置为（180.0, 144.0），再将"旋转"的数值设置为 360，当输入"360"并按〈Enter〉键确认后，数值会自动变为"1×0.0°"，即一个圆周，如图 3-23 所示。最后在"节目"监视器中单击■按钮，即可看到"丛林.jpg"图片在 00:00:20:00 ～ 00:00:02:10 的位置从窗口中央旋转到屏幕左上部的效果，如图 3-24 所示。

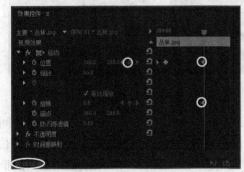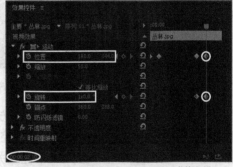

图 3-22　在 00:00:02:00 处添加"位置"　　　图 3-23　在 00:00:02:10 处添加"位置"
　　　　　和"旋转"关键帧　　　　　　　　　　　　　和"旋转"关键帧

图 3-24　"丛林.jpg"图片从窗口中央旋转到屏幕左上部的效果

2）制作"高山.jpg"的旋转动画。方法：恢复"视频 2"的显示，再选择"时间线"面板中的"高山.jpg"素材，然后在"效果控件"面板中将时间滑块移动到 00:00:02:00 的位置，单击"位置"后的■按钮，插入一个位置关键帧。再单击"旋转"前面的■按钮，添加一个旋转关键帧，如图 3-25 所示。接着将时间滑块移动到 00:00:02:10 的位置，将"位置"的数值设置为（540.0, 144.0），再将"旋转"的数值设置为 -360，当输入"-360"并按〈Enter〉

键确认后，数值会自动变为"-1×0.0°"，即一个圆周，如图3-26所示。最后在"节目"监视器中单击▶按钮，即可看到"高山.jpg"图片在00:00:02:00～00:00:02:10的位置从窗口中央旋转到屏幕右上部的效果，如图3-27所示。

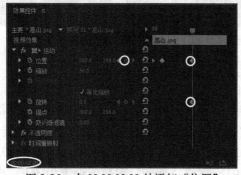

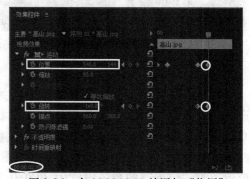

图3-25　在00:00:02:00处添加"位置"　　　　　图3-26　在00:00:02:10处添加"位置"
　　　　　和"旋转"关键帧　　　　　　　　　　　　　　和"旋转"关键帧

图3-27　"高山.jpg"图片从窗口中央旋转到屏幕右上部的效果

3）制作"田野.jpg"的旋转动画。方法：恢复"视频3"的显示，再选择"时间线"面板中的"田野.jpg"素材，然后在"效果控件"面板中将时间滑块移动到00:00:02:00的位置，单击"位置"后的◆按钮，插入一个位置关键帧。再单击"旋转"前面的◎按钮，添加一个旋转关键帧，如图3-28所示。接着将时间滑块移动到00:00:02:10的位置，将"位置"的数值设置为（180.0,432.0），再将"旋转"的数值设置为360，此时数值会自动变为"1×0.0°"，如图3-29所示。最后在"节目"监视器中单击▶按钮，即可看到"田野.jpg"图片在00:00:02:00～00:00:02:10的位置从窗口中央旋转到屏幕的左下部的效果，如图3-30所示。

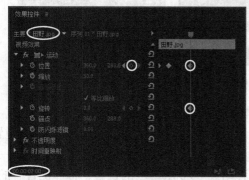

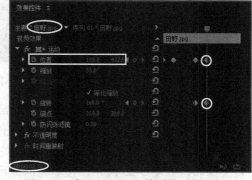

图3-28　在00:00:02:00处添加"位置"　　　　　图3-29　在00:00:02:10处添加"位置"
　　　　　和"旋转"关键帧　　　　　　　　　　　　　　和"旋转"关键帧

图 3-30 "田野 .jpg"图片从窗口中央旋转到屏幕左下部的效果

4）制作"大海 .jpg"的旋转动画。方法：恢复"视频 4"的显示，再选择"时间线"面板中的"大海 .jpg"素材，然后在"效果控件"面板中将时间滑块移动到 00:00:02:00 的位置，单击"位置"后的■按钮，插入一个位置关键帧。再单击"旋转"前面的■按钮，添加一个旋转关键帧，如图 3-31 所示。接着将时间滑块移动到 00:00:02:10 的位置，将"位置"的数值设置为（540.0，432.0），再将"旋转"的数值设置为 −360，此时数值会自动变为"−1×0.0°"，如图 3-32 所示。最后在"节目"监视器中单击■按钮，即可看到"大海 .jpg"图片在 00:00:02:00 ~ 00:00:02:10 的位置从窗口中央旋转到屏幕右下部的效果，如图 3-33 所示。

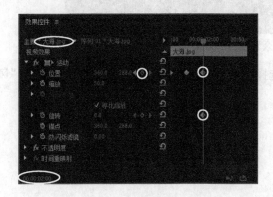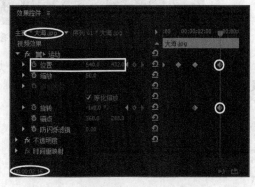

图 3-31 在 00:00:02:00 处添加"位置"
和"旋转"关键帧

图 3-32 在 00:00:02:10 处添加"位置"
和"旋转"关键帧

图 3-33 "大海 .jpg"图片从窗口中央旋转到屏幕右下部的效果

5）将 5s 以后的素材切除。方法：将时间滑块移动到 00:00:05:00 的位置，然后选择工具箱中的■（剃刀工具），按住〈Shift〉键，在该处单击，即可将所选视频轨道上第 5s 前后的素材切开，如图 3-34 所示。然后利用工具箱中的■（选择工具）选中 5s 以后的素材，按〈Delete〉键进行删除，效果如图 3-35 所示。

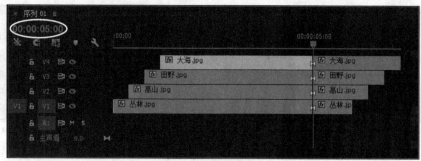

图 3-34　裁剪素材

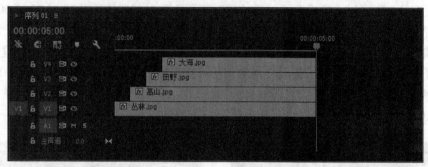

图 3-35　删除多余素材后的效果

6）至此，整个风景宣传动画制作完毕。选择"文件｜导出｜媒体"命令，将其输出为"风景宣传动画效果 .avi"文件。

3.2　制作多画面展示效果

要点：

　　本例将制作多画面展示效果，如图 3-36 所示。通过本例的学习，读者应掌握设置 PAL 制式的静止图片持续时间、利用文件夹来管理素材及时间线嵌套的应用。

图 3-36　多画面展示效果

操作步骤：

1. 建立素材文件夹并导入素材

　　1）启动 Premiere Pro CC 2015，然后单击"新建项目"按钮，新建一个名称为"多画面展示效果"的项目文件。接着新建一个 DV-PAL 制式标准 48kHz 的"序列 01"序列文件。

2）创建文件夹。方法：单击"项目"面板下方的 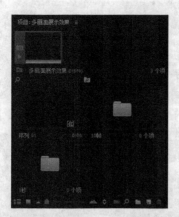（新建素材箱）按钮，创建"10 帧"和"1 秒"两个文件夹，然后在"项目"面板下方单击 ■（图标视图）按钮，将素材以图标视图的方式进行显示。如图 3-37 所示。

图 3-37　创建"10 帧"和"1 秒"两个文件夹

3）导入"10 帧"文件夹中的素材。方法：选择"编辑|首选项|常规"命令，在弹出的对话框中设置"静止图像默认持续时间"为 10 帧，如图 3-38 所示，单击"确定"按钮。然后双击"10 帧"文件夹，进入编辑状态。接着选择"文件|导入"命令，在弹出的对话框中选择网盘中的"素材及结果 \ 第 3 章 关键帧动画和时间线嵌套 \3.2 制作多画面展示效果 \01.jpg~15.jpg"文件，如图 3-39 所示。

图 3-38　设置"静止图像默认持续时间"为 10 帧

图 3-39　导入"01.jpg"~"15.jpg"图片文件

4）导入"1 秒"文件夹中的素材。方法：单击右上方的 ■ 按钮，从"10 帧"文件夹返回上级，然后选择"编辑|首选项|常规"命令，在弹出的对话框中设置"静止图像默认持续时间"为 25 帧（即 PAL 制式的 1s），单击"确定"按钮。接着双击"1 秒"文件夹，选

择"文件 | 导入"命令，导入网盘中的"素材及结果 \ 第 3 章 关键帧动画和时间线嵌套 \3.2 制作多画面展示效果 \01.jpg~06.jpg"文件，如图 3-40 所示。

图 3-40 导入"01.jpg"~"06.jpg"图片文件

2. 编辑序列 01 和序列 02

1）编辑"序列 01"。方法：选择"10 帧"文件夹，将其拖入"时间线"面板中的 V1 轨道中，入点为 00:00:00:00。此时该文件夹中的 15 幅图片会依次放入到时间线中，总长度为 150 帧（即 6s），如图 3-41 所示。

图 3-41 将"10 帧"文件夹拖入 V1 轨道中

2）新建"序列 02"。方法：在"项目"面板空白处右击，从弹出的快捷菜单中选择"新建分项 | 序列"命令，如图 3-42 所示。然后在弹出的对话框中设置新建的"序列 02"，如图 3-43 所示，单击"确定"按钮，此时"项目"面板中会产生一个名称为"序列 02"的新序列，如图 3-44 所示。

提示：单击"项目"面板下方的 ▇（新建项）按钮，也可弹出相同的快捷菜单。

3）编辑"序列 02"。方法：选择"1 秒"文件夹，将其拖入"时间线"面板中的 V2 轨道中，入点为 00:00:00:00。此时该文件夹中的 6 幅图片会依次放入到时间线中，总长度为 150 帧（即 6s），如图 3-45 所示。

图 3-42 选择"序列"命令

图 3-43 设置"序列 02"的参数

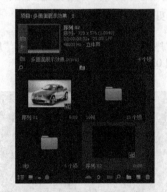

图 3-44 "项目"面板

图 3-45 "时间线：序列 02"面板

3. 嵌套序列

1) 同理，新建"序列 03"。然后将"项目"面板中的"序列 01"拖入"时间线"面板中的 V1 轨道中，入点为 00:00:00:00，如图 3-46 所示。

2) 将音频和视频进行分离。方法：右击"时间线"面板 V1 轨道中的"序列 01"素材，从弹出的快捷菜单中选择"取消链接"命令，即可将二者分离。然后选择分离出的音频，按〈Delete〉键，将其进行删除，效果如图 3-47 所示。

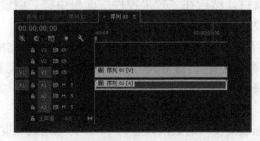

图 3-46 将"序列 01"拖入 V1 轨道中

图 3-47 删除"音频"后的效果

3) 将 V1 轨道中的"序列 01"素材复制到"视频 2"和"视频 3"中。方法：选择"时间线"面板 V1 轨道中的"序列 01"素材，按快捷键〈Ctrl+C〉进行复制，然后选择 V2 轨道，使其处于高亮显示状态，再将时间滑块定位在 00:00:00:00 的位置，按快捷键〈Ctrl+V〉进行粘贴，效果如图 3-48 所示。接着选择 V3 轨道，使其处于高亮显示状态，再将时间滑块定位在 00:00:00:00 的位置，按快捷键〈Ctrl+V〉进行粘贴，效果如图 3-49 所示。

图 3-48　将"序列 01"粘贴到 V2 轨道中

图 3-49　将"序列 01"粘贴到 V3 轨道中

4）选择"项目"面板中的"序列 02"素材，然后将其拖入"时间线"面板中 V3 轨道上方的空白处，此时会自动产生一个 V4 轨道来放置"序列 02"，如图 3-50 所示。接着将"序列 02"的视频和音频进行分离，并删除分离后的音频，效果如图 3-51 所示。

提示：在进行多个序列嵌套时，序列不可以嵌套其本身，例如，"序列 03"嵌套了"序列 02"，"序列 02"嵌套了"序列 01"，那么"序列 01"就不能嵌套"序列 02"或"序列 03"了。

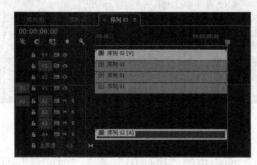
图 3-50　将"序列 02"粘贴到 V4 轨道中

图 3-51　删除"序列 02"的音频

4. 调整"序列 01"和"序列 02"的位置和比例

下面分别对 4 个视频轨道上的"序列 01"和"序列 02"的比例和位置进行修改，使其在屏幕中同时显示。

1）选中最上层 V4 轨道中的"序列 02"素材，然后在"效果控件"面板中将"缩放"的数值设置为"60.0"，将"位置"的数值设置为（260.0，288.0），如图 3-52 所示。

2）选择 V3 轨道上的"序列 01"素材，然后在"效果控件"面板中取消选中"等比缩放"复选框，以便分别修改"缩放高度"和"缩放宽度"。接着将"缩放高度"的数值设置为 18.0，将"缩放宽度"的数值设置为 25.0。最后将"位置"的数值设置为（585，186），如图 3-53 所示。

3）同理，将 V2 轨道上的"序列 01"的"缩放高度"的数值设置为 18.0，将"缩放宽度"的数值设置为 25.0，将"位置"的数值设置为（585.0，288.0），如图 3-54 所示。

4）同理，将 V1 轨道上的"序列 01"的"缩放高度"的数值设置为 18.0，将"缩放宽度"的数值设置为 25.0，将"位置"的数值设置为（585.0，390.0），如图 3-55 所示。

图 3-52　设置 V4 轨道上的"序列 02"素材的位置和缩放

图 3-53　设置 V3 轨道上的"序列 01"素材的位置和缩放

图 3-54　设置 V2 轨道上的"序列 01"素材的位置和缩放

图 3-55　设置 V1 轨道上的"序列 01"素材的位置和缩放

5）至此，整个多画面的展示效果制作完毕。选择"文件 | 导出 | 媒体"命令，将其输出为"多画面展示效果 .avi"文件。

3.3　课后练习

1）利用网盘中的"素材及结果 \ 第 3 章 关键帧动画和时间线嵌套 \ 课后练习 \ 练习 1"中的"汽车 1.bmp""汽车 2.bmp"和"汽车 3.bmp"图片，使用设置关键帧的方法，制作汽车画面一次从满屏的尺寸缩小排列到屏幕中的效果，如图 3-56 所示。结果可参考网盘中的"素材及结果 \ 第 3 章 关键帧动画和时间线嵌套 \ 课后练习 \ 练习 1\ 练习 1.prproj"文件。

图 3-56　练习 1 的效果

2）利用网盘中的"素材及结果 \ 第 3 章 关键帧动画和时间线嵌套 \ 课后练习 \ 练习 2"中的 4 组图片，使用时间线嵌套的方法，制作 4 幅画面不断变化的效果，如图 3-57 所示。结果可参考网盘中的"素材及结果 \ 第 3 章 关键帧动画和时间线嵌套 \ 课后练习 \ 练习 2\ 练习 2.prproj"文件。

图 3-57　练习 2 的效果

第4章　视频过渡的应用

本章重点

在电视节目及电影制作过程中，视频过渡是连接素材常用的手法。通过应用视频过渡，整部作品的流畅感会得到提升，并使得画面更富有表现力。通过本章的学习，读者应掌握常用视频过渡的使用方法。

4.1　制作四季过渡效果

 要点：

本例将制作 4 幅图片逐渐过渡的效果，如图 4-1 所示。通过本例的学习，读者应掌握设置视频过渡效果的持续时间，以及添加默认"交叉溶解"视频过渡效果的方法。

图 4-1　四季过渡效果

 操作步骤：

1. 编辑图片素材

1）启动 Premiere Pro CC 2015，然后单击"新建项目"按钮，新建一个名称为"四季过渡效果"的项目文件。接着新建一个 DV-PAL 制式标准 48kHz 的"序列 01"序列文件。

2）设置静止图片默认持续时间为 3s。方法：选择"编辑 | 首选项 | 常规"命令，在弹出的对话框中将"视频过渡默认持续时间"设置为 25 帧，将"静止图像默认持续时间"设置为 75 帧，如图 4-2 所示。然后在"参数"对话框左侧选择"媒体"，再在右侧将"不确定的媒体时基"设置为 25.00f/s，单击"确定"按钮。

3）导入图片素材。方法：选择"文件 | 导入"命令，导入网盘中的"素材及结果 \ 第 4 章 视频过渡的应用 \4.1 制作四季过渡效果 \ 春 .jpg""夏 .jpg""秋 .jpg"和"冬 .jpg"文件，然后在"项目"面板下方单击■（图标视图）按钮，将素材以图标视图的形式进行显示，如图 4-3 所示。

图4-2　设置静止图片默认持续时间

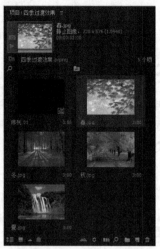

图4-3　"项目"面板

4）在"项目"面板中按住〈Ctrl〉键，依次选择"春.jpg""夏.jpg""秋.jpg"和"冬.jpg"素材，然后将它们拖入"时间线"面板的 V1 轨道中，入点为 00:00:00:00。此时"时间线"面板会按照选择素材的先后顺序将素材依次排列，如图4-4 所示。

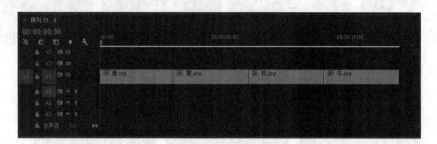

图4-4　"时间线"面板

2. 添加默认视频过渡效果

1）将时间滑块移动到 00:00:03:00 的位置，然后按快捷键〈Ctrl+D〉，此时软件会在第 1 段素材"春.jpg"和第 2 段素材"夏.jpg"之间自动添加一个默认的"交叉溶解"的视频过渡效果，如图4-5 所示。

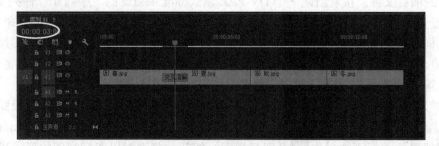

图4-5　在"春.jpg"和"夏.jpg"素材之间自动添加一个默认的"交叉溶解"的视频过渡效果

提示：如果要对"交叉溶解"的参数进行调整，可以在"时间线"面板中单击该视频过渡，然后在"效果控件"面板中进行相关参数的设置，如图 4-6 所示。

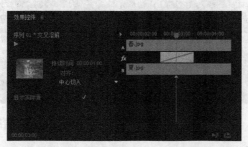

图 4-6   在"效果控件"面板中调整"交叉溶解"视频过渡的参数

2）在"节目"监视器中单击▶按钮，即可显示"春.jpg"和"夏.jpg"之间的视频过渡效果，如图 4-7 所示。

图 4-7   "春.jpg"和"夏.jpg"之间的视频过渡效果

3）按〈↓〉键，此时时间滑块会自动跳转到 00:00:06:00 的位置（"夏.jpg"和"秋.jpg"素材的相交处），然后按快捷键〈Ctrl+D〉，此时软件会在"夏.jpg"和"秋.jpg"素材之间自动添加一个默认的"交叉溶解"的视频过渡效果，如图 4-8 所示。

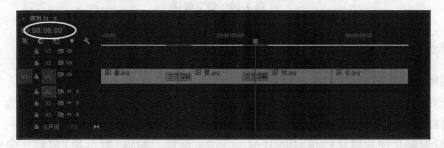

图 4-8   在"夏.jpg"和"秋.jpg"素材之间自动添加一个默认的"交叉溶解"的视频过渡效果

4）同理，按〈↓〉键，将时间滑块定位到 00:00:09:00 的位置（"秋.jpg"和"冬.jpg"素材的相交处），然后按快捷键〈Ctrl+D〉，在"秋.jpg"和"冬.jpg"素材之间添加一个默认的"交叉溶解"的视频过渡效果，如图 4-9 所示。

5）至此，完成了整个四季过渡效果的制作。选择"文件|导出|媒体"命令，将其输出为"四季过渡效果.avi"文件。

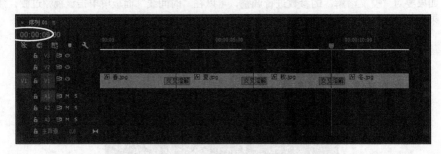

图4-9 在"秋.jpg"和"冬.jpg"素材之间添加一个默认的"交叉溶解"的视频过渡效果

4.2 制作卷页效果

 要点：

本例将制作多种卷页效果，如图4-10所示。通过本例的学习，读者应掌握导入字幕文件、时间轴嵌套、创建"颜色遮罩""页面剥落"类和"划像"类视频过渡效果的综合应用。

图4-10 卷页效果

 操作步骤：

1. 编辑图片素材

1）启动Premiere Pro CC 2015，然后单击"新建项目"按钮，新建一个名称为"卷页效果"的项目文件。接着新建一个DV-PAL制式标准48kHz的"序列01"序列文件。

2）设置静止图片默认持续时间为3s。方法：选择"编辑|首选项|常规"命令，在弹出的对话框中将"视频过渡默认持续时间"设置为25帧，将"静止图像默认持续时间"设置为75帧，如图4-11所示。然后在"参数"对话框左侧选择"媒体"，再在右侧将"不确定的媒体时基"设置为25.00f/s，单击"确定"按钮。

3）导入图片素材。方法：选择"文件|导入"命令，导入网盘中的"素材及结果\第4章 视频过渡的应用\4.2 制作卷页效果\人物插画.jpg""折页.jpg""汽车.jpg"和"作品欣赏字幕.prtl"文件，并将它们以图标视图的形式进行显示，如图4-12所示。

图 4-11　设置静止图片默认持续时间

图 4-12　"项目"面板

2. 创建标题画面

1）制作蓝色背景。方法：单击"项目"面板下方的■（新建项）按钮，然后从弹出的下拉菜单中选择"颜色遮罩"命令，如图 4-13 所示。接着在弹出的"新建颜色遮罩"对话框中保持默认设置，如图 4-14 所示。单击"确定"按钮，在弹出的"拾色器"对话框中设置一种蓝色（R：0，G：0，B：225），如图 4-15 所示。单击"确定"按钮，最后在弹出的"选择名称"对话框中保持默认名称，如图 4-16 所示，单击"确定"按钮，即可完成蓝色背景的创建，此时"项目"面板如图 4-17 所示。

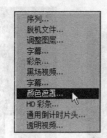

图 4-13　选择"颜色遮罩"命令

图 4-14　"新建颜色遮罩"对话框

图 4-15　设置一种蓝色

图 4-16　保持默认名称

图 4-17　"项目"面板

2) 从"项目"面板中将"颜色遮罩"素材拖入"时间线"面板的 V1 轨道中,然后再将"作品欣赏字幕 .prtl"素材拖入"时间线"面板的 V2 轨道中,入点均为 00:00:00:00,如图 4-18 所示,效果如图 4-19 所示。

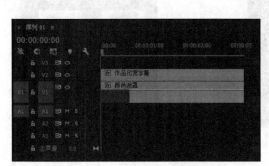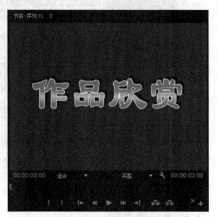

图 4-18 "时间线"面板　　　　　　　　　图 4-19　标题画面效果

3. 添加翻页效果

1) 翻页效果是在另一个时间线序列中完成的。下面首先创建一个新的序列。方法：单击"项目"面板下方的■（新建项）按钮,如图 4-20 所示,从弹出的下拉菜单中选择"序列"命令,然后在弹出的对话框中设置"序列 02"的参数,如图 4-21 所示,单击"确定"按钮。此时"项目"面板中会产生一个名称为"序列 02"的新序列,如图 4-22 所示。

图 4-20　选择"序列"命令　　　图 4-21　设置"序列 02"的参数　　　图 4-22　"项目"面板

2) 将"项目"面板中的"序列 01"素材拖入"序列 02"的 V1 轨道中,入点为 00:00:00:00,如图 4-23 所示。然后右击"时间线"面板中的"序列 01"素材,从弹出的快捷菜单中选择"取消链接"命令,即可将"序列 01"的视频和音频进行分离。接着选择分离出的音频,按〈Delete〉键,将其删除,效果如图 4-24 所示。

图 4-23 "时间线"面板

图 4-24 标题画面效果

3）在"项目"面板中按住〈Ctrl〉键，依次选择"人物插画.jpg""折页.jpg"和"汽车.jpg"，然后将它们拖入"时间线"面板的 V1 轨道中，入点为 00:00:03:00（即与"序列 01"素材结尾处相接）。此时"时间线"面板会按照选择素材的先后顺序将素材依次排列，如图 4-25 所示。

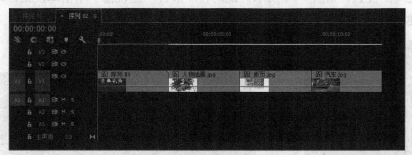
图 4-25 将"人物插画.jpg""折页.jpg"和"汽车.jpg"拖入 V1 轨道

4）在"序列 01"结尾处添加"页面剥落"卷页效果。方法：在"效果"面板中展开"视频过渡"文件夹，然后选择"页面剥落"中的"页面剥落"视频过渡，如图 4-26 所示。接着将其拖入"时间线"面板中 V1 轨道中的"序列 01"素材的结尾处，此时鼠标会变为 形状，最后松开鼠标，即可将"页面剥落"视频过渡添加到"序列 01"素材的结尾处，如图 4-27 所示。

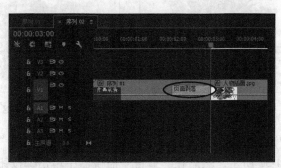

图 4-26 选择"页面剥落"视频过渡　图 4-27 将"页面剥落"卷页效果添加到"序列 01"素材的结尾处

5）此时在"节目"监视器中单击 按钮，即可看到"序列 01"与"人物插画.jpg"素材之间的卷页效果，如图 4-28 所示。

图 4-28 "序列 01"与"人物插画 .jpg"素材之间的卷页效果

6）在"人物插画 .jpg"和"折页 .jpg"之间添加"翻页"卷页效果。方法：在"效果"面板中展开"视频过渡"文件夹，然后选择"页面剥落"中的"翻页"视频过渡效果，如图 4-29 所示。接着将其拖入"时间线"面板的 V1 轨道中"人物插画 .jpg"和"折页 .jpg"之间的位置，此时鼠标会变为 形状，再松开鼠标，即可将"翻页"视频过渡添加到"人物插画 .jpg"和"折页 .jpg"之间的位置，如图 4-30 所示。此时在"节目"监视器中单击 按钮，即可看到"人物插画 .jpg"与"折页 .jpg"素材之间的卷页效果，如图 4-31 所示。

图 4-29 选择"翻页"视频过渡

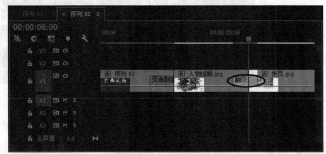

图 4-30 在"人物插画 .jpg"和"折页 .jpg"之间添加"翻页"视频过渡

图 4-31 "人物插画 .jpg"与"折页 .jpg"素材之间的卷页效果

7）同理，在"折页 .jpg"和"汽车 .jpg"之间添加"划像"类中的"圆划像"视频过渡效果，如图 4-32 所示。然后在"节目"监视器中单击 按钮，即可看到"折页 .jpg"与"汽车 .jpg"素材之间的卷页效果，如图 4-33 所示。

8）至此，整个卷页效果制作完毕。选择"文件 | 导出 | 媒体"命令，将其输出为"卷页效果 .avi"文件。

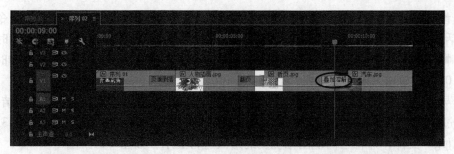

图 4-32 在"折页 .jpg"和"汽车 .jpg"之间添加"圆划像"卷页效果

图 4-33 "折页 .jpg"与"汽车 .jpg"素材之间的卷页效果

4.3 制作自定义视频过渡效果

 要点：

本例将利用自定义的图像来制作视频过渡效果，如图 4-34 所示。通过本例学习，读者应掌握设置"渐变擦除"视频过渡效果的方法。

图 4-34 自定义视频过渡效果

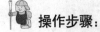 **操作步骤：**

1. 编辑图片素材

1）启动 Premiere Pro CC 2015，然后单击"新建项目"按钮，新建一个名称为"自定义视频过渡效果"的项目文件。接着新建一个 DV-PAL 制式标准 48kHz 的"序列 01"序列文件。

2）设置静止图片默认持续时间为 3s。方法：选择"编辑 | 首选项 | 常规"命令，在弹出的对话框中将"视频过渡默认持续时间"设置为 25 帧，将"静止图像默认持续时间"设置为 75 帧。然后在"参数"对话框左侧选择"媒体"，再在右侧将"不确定的媒体时基"设置为 25.00f/s，单击"确定"按钮。

3）导入图片素材。方法：选择"文件 | 导入"命令，导入网盘中的"素材及结果 \ 第 4 章 视频过渡的应用 \4.3 制作自定义视频过渡效果 \ 鲜花 1.jpg""鲜花 2.jpg""鲜花 3.jpg"和"鲜花 4.jpg"文件，并将它们以图标视图的形式进行显示，如图 4-35 所示。

4）在"项目"面板中按住〈Ctrl〉键，依次选择"鲜花 1.jpg""鲜花 2.jpg""鲜花 3.jpg"和"鲜花 4.jpg"素材，然后将它们拖入"时间线"面板的 V1 轨道中，入点为 00:00:00:00。此时"时间线"面板会按照选择素材的先后顺序将素材依次排列，如图 4-36 所示。

图 4-35 "项目"面板

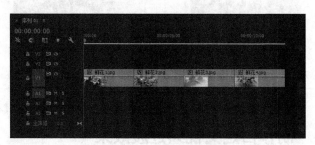

图 4-36 "时间线"面板

2. 添加自定义转场效果

1）在"鲜花 1.jpg"和"鲜花 2.jpg"之间添加"渐变擦除"视频过渡效果。方法：在"效果"面板中展开"视频过渡"文件夹，然后选择"擦除"中的"渐变擦除"视频过渡效果，如图 4-37 所示。再将其拖入"时间线"面板的 V1 轨道中"鲜花 1.jpg"和"鲜花 2.jpg"之间的位置，此时鼠标会变为 形状，接着松开鼠标。然后在弹出的如图 4-38 所示的"渐变擦除设置"对话框中单击"选择图像"按钮，最后在弹出的"打开"对话框中选择网盘中的"素材及结果 \ 第 4 章 视频过渡的应用 \4.3 制作自定义视频过渡效果 \ 对称灰度图 .jpg"图片，如图 4-39 所示，单击"打开"按钮，回到"渐变擦除设置"对话框，如图 4-40 所示，再单击"确定"按钮。即可将"渐变擦除"视频过渡效果添加到"鲜花 1.jpg"和"鲜花 2.jpg"之间的位置，如图 4-41 所示。

图 4-37 选择"渐变擦除"视频过渡效果

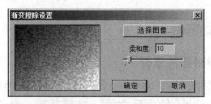

图 4-38 "渐变擦除设置"对话框

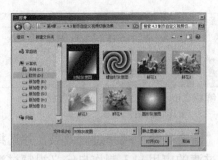

图 4-39　选择"对称灰度图 .jpg"图片　　　　图 4-40　选择"对称灰度图 .jpg"后的对话框

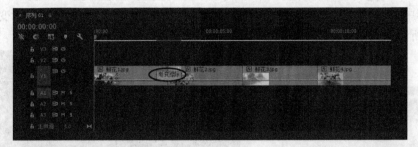

图 4-41　在"鲜花 1.jpg"和"鲜花 2.jpg"之间添加"渐变擦除"视频过渡

2）在"节目"监视器中单击■按钮，即可看到"鲜花 1.jpg"与"鲜花 2.jpg"素材之间的渐变擦除效果，如图 4-42 所示。

提示：如果要对"渐变擦除"的图像进行替换，可以在"时间线"面板中选择要替换的"渐变擦除"视频过渡效果，然后在"效果控件"面板中单击"自定义"按钮，如图 4-43 所示，在弹出的对话框中进行替换。

图 4-42　"鲜花 1.jpg"与"鲜花 2.jpg"素材之间的渐变擦除效果　　图 4-43　单击"自定义"按钮

3）同理，在"鲜花 2"和"鲜花 3"之间添加"渐变擦除"视频过渡效果，并选择擦除图像（选择网盘中的"素材及结果 \ 第 4 章 视频过渡的应用 \4.3 制作自定义视频过渡效果 \ 螺旋形灰度图 .jpg"图片），如图 4-44 所示。然后在"节目"监视器中单击■按钮，即可看到"鲜花 2.jpg"与"鲜花 3.jpg"素材之间的渐变擦除效果，如图 4-45 所示。

图 4-44　选择"螺旋形灰
度图 .jpg"后的对话框

图 4-45　"鲜花 2.jpg"与"鲜花 3.jpg"素材之间
的渐变擦除效果

4）同理，在"鲜花 3"和"鲜花 4"之间添加"渐变擦除"视频过渡效果，并选择擦除图像（选择网盘中的"素材及结果 \ 第 4 章 视频过渡的应用 \4.3 制作自定义视频过渡效果 \ 圆形灰度图 .jpg"图片），如图 4-46 所示。此时"时间线"面板如图 4-47 所示。然后在"节目"监视器中单击■按钮，即可看到"鲜花 3.jpg"与"鲜花 4.jpg"素材之间的渐变擦除效果，如图 4-48 所示。

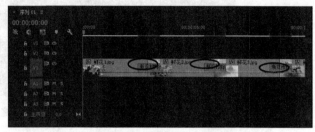

图 4-46　选择"圆形灰度图 .jpg"后的对话框　　　图 4-47"时间线"面板

图 4-48　"鲜花 3.jpg"与"鲜花 4.jpg"素材之间的渐变擦除效果

5）至此，自定义视频过渡效果制作完毕。选择"文件 | 导出 | 媒体"命令，将其输出为"自定义视频过渡效果 .avi"文件。

4.4　制作画中画的广告效果

要点：

本例将制作电视中经常见到的穿插在节目片尾的广告效果，如图 4-49 所示。通过本例的学习，读者应掌握以文件夹的方式导入素材、设置素材持续时间和多种常用视频过渡效果的综合应用。

操作步骤：

1. 制作背景

1）启动 Premiere Pro CC 2015，然后单击"新建项目"按钮，新建一个名称为"画中画的广告效果"的项目文件。接着新建一个 DV-PAL 制式标准 48kHz 的"序列 01"序列文件。

图 4-49 画中画的广告效果

2）导入背景素材。方法：选择"文件 | 导入"命令，然后在弹出的"导入"对话框中选择网盘中的"素材及结果 \ 第 4 章 视频过渡的应用 \4.4 制作画中画的广告效果 \ 风景 001.jpg"文件，如图 4-50 所示，单击"打开"按钮，即可将该素材导入"项目"面板，然后将素材以图标视图的形式进行显示，如图 4-51 所示。

图 4-50 选择"风景 001.jpg"文件

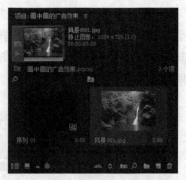

图 4-51 "项目"面板

3）将"风景 001.jpg"素材放入时间线，并设置时间长度为 12s。方法：从"项目"面板中将"风景 001.jpg"素材拖入"时间线"面板的 V1 轨道中，入点为 00:00:00:00，然后右击 V1 轨道中的"风景 001.jpg"素材，从弹出的快捷菜单中选择"速度 / 持续时间"命令，接着在弹出的"剪辑速度 / 持续时间"对话框中设置"持续时间"为 00:00:12:00，如图 4-52 所示，单击"确定"按钮，此时"时间线"面板如图 4-53 所示。

图 4-52 设置持续时间

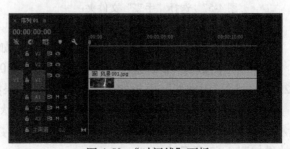

图 4-53 "时间线"面板

4）此时"风景 001.jpg"素材画面尺寸过大，如图 4-54 所示。下面调整该素材的大小。方法：选择 V1 轨道上的"风景 001.jpg"素材，然后在"效果控件"面板中展开"运动"参数，将"缩放"设置为 80.0，如图 4-55 所示，效果如图 4-56 所示。

图 4-54　"风景 001.jpg"的原大小　　　图 4-55　调整"缩放"　　　图 4-56　调整"缩放"后的效果

2. 制作视频广告图片的视频过渡效果

1）导入广告素材。方法：选择"文件 | 导入"命令，然后在弹出的"导入"对话框中选择网盘中的"素材及结果 \ 第 4 章 视频过渡的应用 \4.4 制作画中画的广告效果 \ 手表"文件夹，如图 4-57 所示，单击"导入文件夹"按钮，此时整个文件夹的素材都会被导入"项目"面板，如图 4-58 所示。

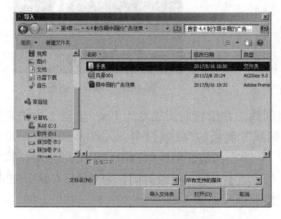
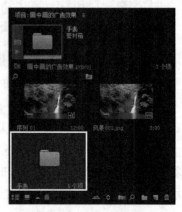

图 4-57　选择"手表"文件夹　　　　　　图 4-58　"项目"面板

2）双击打开"项目"面板中的"手表"文件夹，如图 4-59 所示，然后将"010.jpg"素材拖入"时间线"面板的 V2 轨道中，入点为 00:00:00:00，接着将该素材的持续时间设置为 00:00:02:00，此时"时间线"面板如图 4-60 所示，效果如图 4-61 所示。

3）此时"010.jpg"素材的尺寸过大，下面调整其大小。方法：选择 V2 轨道上的"010.jpg"素材，然后在"效果控件"面板中展开"运动"参数，将"缩放"设置为 50.0，如图 4-62 所示，效果如图 4-63 所示。

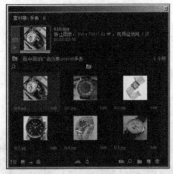

图 4-59　打开"手表"文件夹

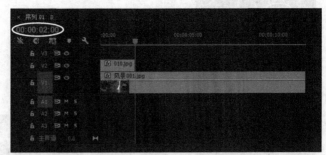

图 4-60　将"010.jpg"素材拖入 V2 轨道中

图 4-61　画面效果

图 4-62　调整"010.jpg"
素材的缩放比例

图 4-63　调整"010.jpg"素材缩
放比例后的效果

4）制作"010.jpg"素材开头的视频过渡效果。方法:在"效果"面板中展开"视频过渡"文件夹，然后选择"擦除"文件夹中的"划出"视频过渡效果，如图 4-64 所示。接着将其拖入"时间线"面板中 V2 轨道中的"010.jpg"素材的开始处，如图 4-65 所示。最后选择添加给"010.jpg"素材的"划出"视频过渡效果，进入"效果控件"面板，再将"持续时间"设置为 00:00:00:20，如图 4-66 所示。此时在"节目"监视器中单击 ▶ 按钮，效果如图 4-67所示。

图 4-64　选择"划出"视频过渡效果

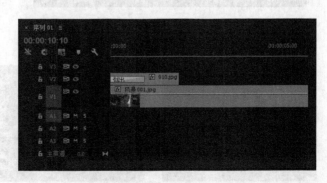

图 4-65　将"划出"视频过渡效果添加到"010.jpg"素材的开始处

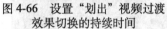

图4-66 设置"划出"视频过渡
效果切换的持续时间

图4-67 "010.jpg"素材开始处的视频过渡效果

5）制作"010.jpg"素材结尾处的视频过渡效果。方法：在"效果"面板中展开"视频过渡"文件夹，然后将"擦除"文件夹中的"油漆飞溅"视频过渡效果拖入"时间线"面板中V2轨道中的"010.jpg"素材的结尾处，如图4-68所示。最后选择添加给"010.jpg"素材的"油漆飞溅"视频过渡效果，进入"效果控件"面板，再将"持续时间"设置为00:00:00:20，如图4-69所示。此时在"节目"监视器中单击▶按钮，效果如图4-70所示。

图4-68 将"油漆飞溅"视频过渡效果
添加到"010.jpg"素材的结尾处

图4-69 设置"油漆飞溅"视频过渡
效果切换的持续时间

图4-70 "010.jpg"素材结尾处的视频过渡效果

6）制作"011.jpg"素材开头和结尾处的视频过渡效果。方法：从"项目"面板中将"011.jpg"素材拖入"时间线"面板的 V2 轨道中，入点为 00:00:04:00，然后将该素材的"持续时间"也设置为 00:00:00:20，再将该素材的"缩放"设置为 50.0。接着在"效果"面板中，将"视频过渡"文件夹下"擦除"中的"百叶窗"和"渐变擦除"视频过渡效果分别添加到 V2 轨道中的"011.jpg"素材的开头和结尾处，并将它们的"持续时间"设置为 00:00:00:20，此时"时间线"面板如图 4-71 所示。在"节目"监视器中单击 ▶ 按钮，效果如图 4-72 所示。

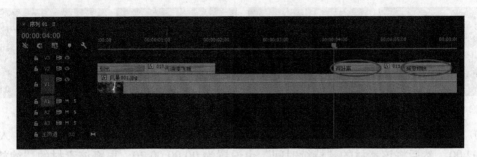

图 4-71　在"011.jpg"素材的开头和结尾处添加视频过渡效果

图 4-72　"011.jpg"素材的视频过渡效果

提示：将"渐变擦除"视频过渡效果添加到 V2 轨道中的"011.jpg"素材的结尾处时，会弹出"渐变擦除设置"对话框，此时将"柔和度"设置为 0 即可，如图 4-73 所示。

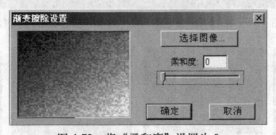

图 4-73　将"柔和度"设置为 0

7）从"项目"面板中将"012.jpg"素材拖入"时间线"面板的 V2 轨道中，入点为 00:00:08:00，然后将该素材的"持续时间"也设置为 00:00:02:00。再将该素材的"缩放"设置为 50.0。接着在"效果"面板中，将"视频过渡"文件夹下"擦除"中的"水波块"和"插入"视频过渡效果分别添加到 V2 轨道中的"012.jpg"素材的开头和结尾处，并将它们的"持续时间"设置为 00:00:00:20，此时"时间线"面板如图 4-74 所示。在"节目"监视器中单击 ▶ 按钮，效果如图 4-75 所示。

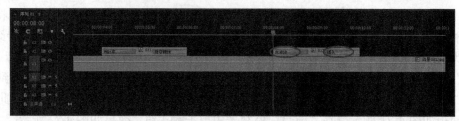

图 4-74　给"012.jpg"素材的开头和结尾处添加视频过渡

图 4-75　"012.jpg"素材的视频过渡效果

8）从"项目"面板中将"013.jpg"素材拖入"时间线"面板的 V3 轨道中，入点为 00:00:02:00，然后将该素材的"持续时间"也设置为 00:00:00:20。再将该素材的"缩放"设置为 50.0。接着在"效果"面板中，将"视频过渡"文件夹下"擦除"中的"棋盘擦除"和"渐变擦除"视频过渡效果分别添加到 V3 轨道中的"013.jpg"素材的开头和结尾处，并将它们的"持续时间"设置为 00:00:00:20，此时"时间线"面板如图 4-76 所示。在"节目"监视器中单击▶按钮，效果如图 4-77 所示。

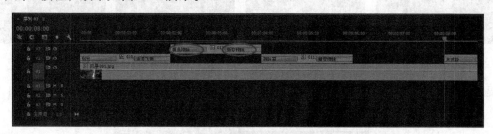

图 4-76　在"013.jpg"素材的开头和结尾处添加视频过渡效果

图 4-77　在"013.jpg"素材的视频过渡效果

　　提示：将"渐变擦除"视频过渡效果添加到 V2 轨道中的"013.jpg"素材的结尾处时，会弹出"渐变擦除设置"对话框，此时将"柔和度"设置为 10 即可，如图 4-78 所示。

9）同理，从"项目"面板中将"014.jpg"素材拖入"时间线"面板的 V3 轨道中，入点为 00:00:06:00，然后将该素材的"持续时间"也设置为 00:00:00:20。再将该素材的"缩放"设置为 50.0。接着在"效果"面板下，将"视频过渡"文件夹下"滑动"中的"带状滑动"和"3D 运动"中的"立方体旋转"视频过渡效果分别添加到 V3 轨道中的"014.jpg"素材

的开头和结尾处,并将它们的"持续时间"设置为 00:00:00:20,此时"时间线"面板如图 4-79
所示。在"节目"监视器中单击▶按钮,效果如图 4-80 所示。

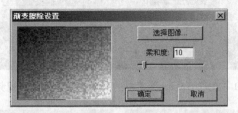

图 4-78　将"柔和度"设置为 10

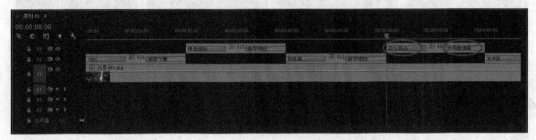

图 4-79　在"014.jpg"素材的开头和结尾处添加视频过渡效果

图 4-80　"014.jpg"素材的视频过渡效果

10)同理,从"项目"面板中将"015.jpg"素材拖入"时间线"面板的 V3 轨道中,入
点为 00:00:10:00,然后将该素材的"持续时间"也设置为 00:00:00:20。再将该素材的"缩放"
设置为 50.0。接着在"效果"面板中,将"视频过渡"文件夹下"擦除"中的"随机块"
和"带状滑动"视频过渡效果分别添加到 V3 轨道中的"015.jpg"素材的开头和结尾处,并
将它们的"持续时间"设置为 00:00:00:20,此时"时间线"面板如图 4-81 所示。在"节目"
监视器中单击▶按钮,效果如图 4-82 所示。

　　提示:本例中给每个素材添加的视频特效持续时间均为 00:00:00:20,为了让用户熟悉分别设置素材的
　　　　视频特效持续时间,本例采用的是逐一设置每个视频特效持续时间的方法。对于已经熟练掌握该
　　　　方法的用户,为了便于操作,可以在菜单栏中选择"编辑|首选项"命令,在弹出的"首选项"
　　　　对话框中选择左侧的"常规"类别,然后在右侧将"视频过渡默认持续时间"设置为 20 帧。这
　　　　样每次给素材添加的视频特效会默认为 20 帧。

11)至此,整个画中画的广告效果制作完毕。选择"文件|导出|媒体"命令,将其输
出为"画中画的广告效果 .avi"文件。

图 4-81 在"015.jpg"素材的开头和结尾处添加视频过渡效果

图 4-82 "015.jpg"素材的视频过渡效果

4.5 制作多层切换效果

 要点：

本例将制作多层次多张图片一起进行转场的效果，如图 4-83 所示。通过本例的学习，读者应掌握制作字幕、调整图片的位置和大小、复制和粘贴关键帧参数，以及常用视频过渡效果的综合应用。

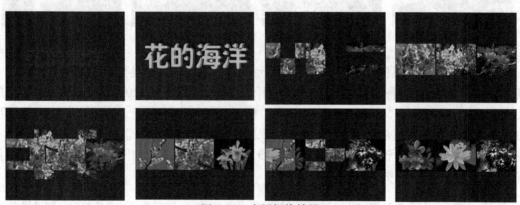

图 4-83 多层切换效果

 操作步骤：

1. 制作蓝色背景

1）启动 Premiere Pro CC 2015，然后单击"新建项目"按钮，新建一个名称为"多层切换效果"的项目文件。接着新建一个 DV-PAL 制式标准 48kHz 的"序列 01"序列文件。

2）制作蓝色背景。方法：单击"项目"面板下方的■（新建项）按钮，然后从弹出的快捷菜单中选择"颜色遮罩"命令,如图 4-84 所示。接着在弹出的"新建颜色遮罩"对话框中保持默认设置,如图 4-85 所示,单击"确定"按钮。再在弹出的"拾色器"对话框中设置一种蓝色(R:0,G:0,B:200),如图 4-86 所示,单击"确定"按钮,最后在弹出的"选择名称"对话框中输入"蓝色背景",如图 4-87 所示,单击"确定"按钮,即可完成蓝色背景的创建,此时"项目"面板如图 4-88 所示。

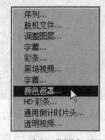

图 4-84　选择"颜色遮罩"命令

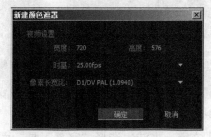

图 4-85　"新建颜色遮罩"对话框

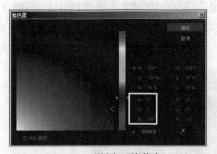

图 4-86　设置一种蓝色

图 4-87　输入"蓝色背景"

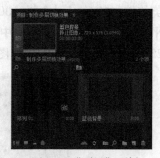

图 4-88　"项目"面板

3)从"项目"面板中将"蓝色背景"拖入"时间线"面板的 V1 轨道中,入点为00:00:00:00,然后设置该素材的"持续时间"设置为 8s,此时"时间线"面板如图 4-89 所示。

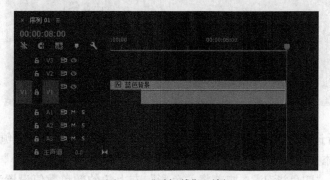

图 4-89　"时间线"面板

2. 制作"花的海洋"字幕

1)单击"项目"面板下方的■(新建项)按钮,从弹出的快捷菜单中选择"字幕"命令,然后在弹出的"新建字幕"对话框的"名称"文本框中输入"花的海洋",如图 4-90 所示,单击"确定"按钮,进入"花的海洋"字幕的设计窗口,如图 4-91 所示。

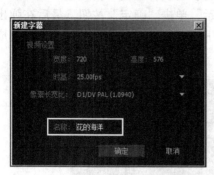

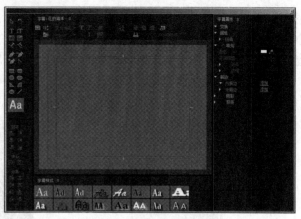

图 4-90　输入"花的海洋"　　　　　图 4-91　"花的海洋"字幕的设计窗口

2）输入文字。方法：选择"字幕工具"面板中的 **T**（文字工具），然后在"字幕"面板编辑窗口中输入"花的海洋"4个字，接着在"字幕属性"面板中设置"字体"为"汉仪秀英体简""字体大小"为100.0。再分别单击"字幕动作"面板中的 图（垂直居中）和 图（水平居中）按钮，将文字居中对齐。最后将"填充"选项区域下的"色彩"设置为黄色（R：255，G：255，B：0），如图4-92所示。

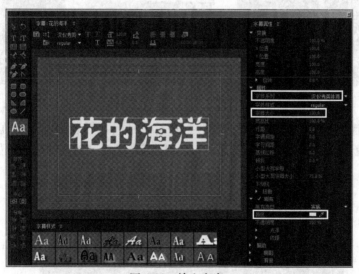

图 4-92　输入文字

3）对文字进行进一步设置。方法：单击"描边"选项区域中"外侧边"右侧的"添加"命令，然后在添加的外侧边中将"类型"设置为"边缘"，将"大小"设置为25.0，将"填充类型"设置为"四色渐变"。接着将"色彩"左上角的颜色数值设置为（R：250，G：110，B：0），将右上角的颜色设置为（R：250，G：70，B：100），将右下角的颜色设置为（R：0，G：120，B：200），将左下角的颜色设置为（R：50，G：240，B：20）。最后选中"阴影"复选框，效果如图4-93所示。

4）单击字幕设计窗口右上角的 图按钮，关闭字幕设计窗口，此时创建的"花的海洋"字幕会自动添加到"项目"面板中，如图4-94所示。

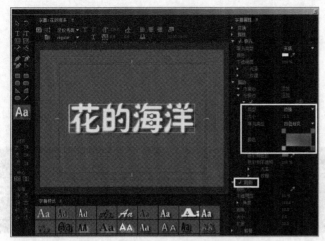

图 4-93 设置"描边"和"阴影"参数

图 4-94 "项目"面板

3. 制作"花的海洋"字幕的视频过渡效果

1）将"花的海洋"字幕素材拖入"时间线"面板。方法：从"项目"面板中将"花的海洋"字幕素材拖入"时间线"面板的 V2 轨道中，入点为 00:00:00:00。然后将该素材的"持续时间"设置为 00:00:02:00，如图 4-95 所示。

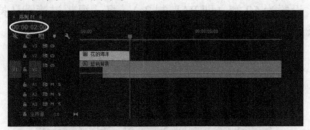

图 4-95 "时间线"面板

2）制作"花的海洋"字幕素材开头的视频过渡效果。方法：在"效果"面板中展开"视频过渡"文件夹，然后选择"溶解"文件夹中的"叠加溶解"视频过渡效果，如图 4-96 所示。接着将其拖入"时间线"面板 V2 轨道中的"花的海洋"字幕素材的开始处，如图 4-97 所示。最后选择添加给"花的海洋"字幕素材的"叠加溶解"视频过渡效果，进入"效果控件"面板，再将"持续时间"设置为 00:00:00:20，并选中"显示实际来源"复选框，以便观察转场效果，如图 4-98 所示。此时在"节目"监视器中单击▶按钮，效果如图 4-99 所示。

图 4-96 选择"叠加溶解"视频过渡效果

图 4-97 将"叠加溶解"视频过渡效果添加给"花的海洋"字幕素材的开始处

图 4-98 设置"叠加溶解"的参数　　　图 4-99 "花的海洋"字幕素材开始处的视频过渡效果

4. 制作图片的视频过渡效果

1) 将要导入的素材的默认持续时间统一设置为 2s、视频过渡默认持续时间设置为 10 帧。方法：在菜单栏中选择"编辑 | 首选项 | 常规"命令，从弹出的"导入"对话框中将"静止图像默认持续时间"设置为 50 帧（即 PAL 制 2s），将"视频过渡默认持续时间"设置为 10 帧，如图 4-100 所示，单击"确定"按钮。

图 4-100 将"静止图像默认持续时间"设置为 50 帧

2) 导入鲜花素材。方法：选择"文件 | 导入"命令，然后在弹出的"导入"对话框中选择网盘中的"素材及结果 \ 第 4 章 视频过渡的应用 \4.5 制作多层切换效果 \ 鲜花"文件夹，如图 4-101 所示，单击"导入文件夹"按钮，此时整个文件夹的素材都会被导入"项目"面板，如图 4-102 所示。

3) 双击打开"项目"面板中的"鲜花"文件夹，如图 4-103 所示，然后将"020.jpg"素材拖入"时间线"面板的 V2 轨道中，入点为 00:00:02:00，此时"时间线"面板如图 4-104 所示，效果如图 4-105 所示。

提示：由于前面在"首选项"对话框中将"静止图像默认持续时间"设置为 50 帧（即 PAL 制 2s），因此此时添加的静止图像默认持续时间为 2s。

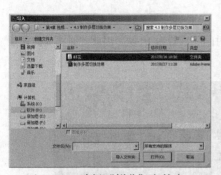

图 4-101 选择"鲜花"文件夹

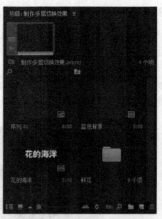

图 4-102 "项目"面板

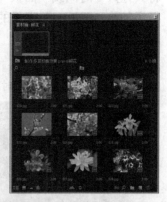

图 4-103 打开"鲜花"文件夹

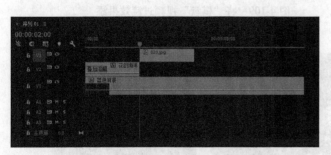

图 4-104 将"020.jpg"素材拖入 V2 轨道中

图 4-105 画面效果

4）调整"020.jpg"素材的尺寸和位置。方法：选择 V2 轨道上的"020.jpg"素材，然后在"效果控件"面板中展开"运动"参数，将"缩放"设置为 25.0，将"位置"坐标设置为（120.0，288.0），如图 4-106 所示，效果如图 4-107 所示。

图 4-106 调整"020.jpg"素材的尺寸和位置

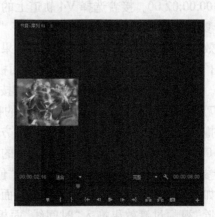

图 4-107 调整"020.jpg"素材的尺寸和位置后的画面效果

5）制作"020.jpg"素材开头的视频过渡效果。方法：在"效果"面板中展开"视频过渡"文件夹，然后选择"擦除"文件夹中的"棋盘"视频过渡效果，如图 4-108 所示。接着将其拖入"时间线"面板 V3 轨道中的"020.jpg"素材的开始处，如图 4-109 所示。最后选择添加给"020.jpg"素材的"棋盘"视频过渡效果。此时在"节目"监视器中单击▶按钮，效果如图 4-110 所示。

> 提示：由于前面在"首选项"对话框中将"视频过渡默认持续时间"设置为 10 帧，因此此时添加的视频过渡效果默认持续时间为 10 帧。

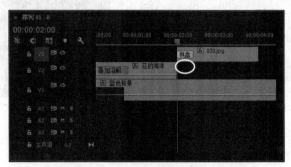

图 4-108　选择"棋盘"视频过渡效果

图 4-109　将"棋盘"视频过渡效果添加到"020.jpg"素材的开始处

图 4-110　"020.jpg"素材开始处的视频过渡效果

6）同理，制作"021.jpg"素材开头的视频过渡效果。方法：从"项目"面板中将"021jpg"素材拖入"时间线"面板的 V3 轨道上方，此时会自动产生一个 V4 轨道，然后将其入点设置为 00:00:02:00。接着选择 V4 轨道上的"021.jpg"素材，在"效果控件"面板中展开"运动"参数，将"缩放"设置为 25.0，将"位置"坐标设置为（360.0, 288.0），如图 4-111 所示，效果如图 4-112 所示。最后在"效果"面板中，将"视频过渡"文件夹下"擦除"中的"划出"视频过渡效果拖入"时间线"面板 V4 轨道中的"021.jpg"素材的开始处，如图 4-113 所示。此时在"节目"监视器中单击▶按钮，效果如图 4-114 所示。

7）同理，制作"022.jpg"素材开头的视频过渡效果。方法：从"项目"面板中将"022jpg"素材拖入"时间线"面板的 V4 轨道上方，此时会自动产生一个 V5 轨道，然后将其入点设置为 00:00:02:00。接着选择 V5 轨道上的"022.jpg"素材，在"效果控件"面板中展开"运动"参数，将"缩放"设置为 25.0，将"位置"坐标设置为（600.0, 288.0），如图 4-115 所示，效果如图 4-116 所示。最后在"效果"面板中，将"视频过渡"文件夹下"擦除"中的"带状擦除"视频过渡效果拖入"时间线"面板 V5 轨道中的"022.jpg"素材的开始处，如图 4-117

所示。此时在"节目"监视器中单击▶按钮，观看 00:00:02:00 ～ 00:00:04:00 之间的视频过渡效果，如图 4-118 所示。

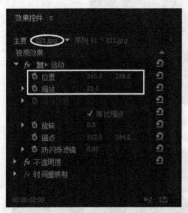

图 4-111 调整"021.jpg"素材的尺寸和位置

图 4-112 调整"021.jpg"素材的尺寸和位置后的画面效果

图 4-113 将"划出"视频过渡效果添加到"021.jpg"素材的开始处

图 4-114 视频过渡效果

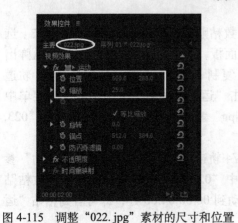

图 4-115 调整"022.jpg"素材的尺寸和位置

图 4-116 调整"022.jpg"素材尺寸和位置后的画面效果

图4-117 将"带状擦除"视频过渡效果添加到"022.jpg"素材的开始处

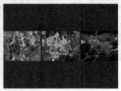

图4-118 00:00:02:00 ～ 00:00:04:00 之间的视频过渡效果

8）从"项目"面板中分别将"023.jpg""024.jpg"和"025.jpg"素材拖入"时间线"面板的"视频3""视频4"和V5轨道中，并将这些素材的入点均设置为00:00:04:00，再将这些素材的"持续时间"均设置为00:00:02:00，此时"时间线"面板如图4-119所示。

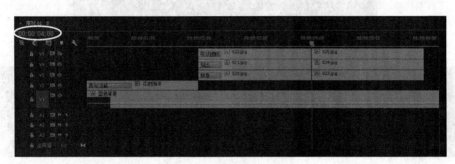

图4-119 "时间线"面板

9）将"020.jpg"素材的"位置"和"缩放"参数粘贴到"023.jpg"素材上。方法：选择V3轨道上的"020.jpg"素材，进入"效果控件"面板，然后右击"运动"参数，从弹出的快捷菜单中选择"复制"命令，如图4-120所示，复制"运动"参数。接着选择V3轨道中的"023.jpg"素材，进入"效果控件"面板，右击"运动"参数，从弹出的快捷菜单中选择"粘贴"命令，如图4-121所示，从而将"020.jpg"素材的"运动"参数粘贴给"023.jpg"素材，如图4-122所示。

10）同理，通过复制和粘贴关键帧的方式，将V4轨道中"021.jpg"素材的"运动"参数粘贴给V4轨道中的"024.jpg"素材；将V5轨道中"022.jpg"素材的"运动"参数粘贴给V5轨道中的"025.jpg"素材。此时将时间滑块移动到00:00:04:00处，即可看到粘贴"运动"参数后的效果，如图4-123所示。

图 4-120 选择"复制"命令

图 4-121 选择"粘贴"命令

图 4-122 粘贴"运动"属性后的效果

图 4-123 粘贴"运动"参数后的效果

11) 制作"023.jpg""024.jpg"和"025.jpg"素材开头的视频过渡效果。方法：在"效果"面板中,将"视频过渡"文件夹下"滑动"中的"带状滑动"视频过渡效果,拖入"时间线"面板 V3 轨道中的"023.jpg"素材的开始处。然后将"视频过渡"文件夹下"滑动"中的"中心拆分"视频过渡效果,拖入"时间线"面板 V4 轨道中的"024.jpg"素材的开始处。接着将"视频过渡"文件夹下"溶解"中的"胶片溶解"视频过渡效果,拖入"时间线"面板 V5 轨道中的"025.jpg"素材的开始处,此时"时间线"面板如图 4-124 所示。在"节目"监视器中单击▶按钮,观看 00:00:04:00 ～ 00:00:06:00 之间的视频过渡效果,如图 4-125 所示。

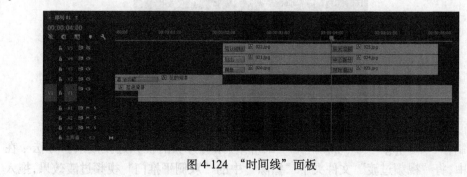
图 4-124 "时间线"面板

图 4-125　00:00:04:00 ～ 00:00:06:00 之间的视频过渡效果

12）从"项目"面板中分别将"026.jpg""027.jpg"和"028.jpg"素材拖入"时间线"面板的"视频 3""视频 4"和 V5 轨道中，并将这些素材的入点均设置为 00:00:06:00，此时"时间线"面板如图 4-126 所示。

图 4-126　"时间线"面板

13）同理，通过复制和粘贴关键帧的方式，将 V3 轨道中"020.jpg"素材的"运动"参数粘贴给 V3 轨道中的"026.jpg"素材；将 V4 轨道中"021.jpg"素材的"运动"参数粘贴给 V4 轨道中的"027.jpg"素材；将 V5 轨道中"022.jpg"素材的"运动"参数粘贴给 V5 轨道中的"028.jpg"素材。此时将时间滑块移动到 00:00:06:00 处，即可看到粘贴"运动"参数后的效果，如图 4-127 所示。

图 4-127　粘贴"运动"参数后的效果

14）制作"026.jpg""027.jpg"和"028.jpg"素材开头的视频过渡效果。方法：在"效果"面板中，将"视频过渡"文件夹下"擦除"中的"双侧平推门"视频过渡效果，拖入"时间线"面板 V3 轨道中的"026.jpg"素材的开始处。然后将"视频过渡"文件夹下"滑动"中的"带状滑动"视频过渡效果，拖入"时间线"面板 V4 轨道中的"027.jpg"素材的开始处。接着将"视频过渡"文件夹下"划像"中的"菱形划像"视频过渡效果，拖入"时间线"面板 V5 轨道中的"028.jpg"素材的开始处，此时"时间线"面板如图 4-128 所示。此时在"节目"监视器中单击■按钮，观看 00:00:06:00 ~ 00:00:08:00 之间的视频过渡效果，如图 4-129 所示。

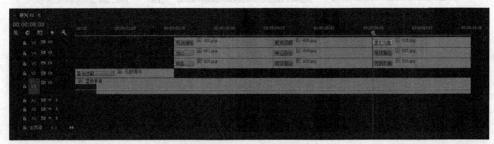

图 4-128　"时间线"面板

图 4-129　00:00:06:00 ~ 00:00:08:00 之间的视频过渡效果

15）至此，整个多层切换效果制作完毕。选择"文件 | 导出 | 媒体"命令，将其输出为"多层切换效果 .avi"文件。

4.6　课后练习

1）利用网盘中的"素材及结果 \ 第 4 章 视频过渡的应用 \ 课后练习 \ 练习 1"中的"春 .bmp""夏 .bmp""秋 .bmp"和"冬 .bmp"图片，制作图片过渡效果，如图 4-130 所示。结果可参考网盘中的"素材及结果 \ 第 4 章 视频过渡的应用 \ 课后练习 \ 练习 1\ 练习 1.prproj"文件。

图 4-130　练习 1 的效果

2）利用网盘中的"素材及结果 \ 第 4 章 视频过渡的应用 \ 课后练习 \ 练习 2\01 .bmp ~ 07.bmp"等图片，制作翻页效果，如图 4-131 所示。结果可参考网盘中的"素材及结果\第4章 视频过渡的应用\课后练习\练习2\练习2.prproj"文件。

图4-131　练习2的效果

第 5 章　视频特效的应用

本章重点

对于一个剪辑人员来说，掌握视频特效的应用是非常必要的。视频特效技术对影片的好坏起着决定性的作用，巧妙地为影片素材添加各式各样的视频特效，可以使影片具有强烈的视觉感染力。通过本章的学习，读者应掌握常用视频特效的使用方法。

5.1　制作变色的汽车效果

 要点：

本例将制作不断变色的汽车效果，如图 5-1 所示。通过本例的学习，读者应掌握 Photoshop 中"多边形套索工具"的使用，以及在 Premiere Pro CC 2015 中分层导入 .psd 文件、利用"颜色平衡 (HLS)"特效进行校色和添加默认"交叉溶解"视频过渡效果的方法。

图 5-1　变色的汽车效果

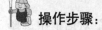 **操作步骤：**

1. 编辑图片素材

1）启动 Photoshop CS5，然后选择菜单栏中的"文件 | 打开"命令，打开网盘中的"素材及结果 \ 第 5 章 视频特效的应用 \5.1 制作变色的汽车效果 \ 汽车 .jpg"图片，如图 5-2 所示。

图 5-2　"汽车 .jpg"图片

2）将汽车从背景中分离出来，以便下面在 Premiere Pro CC 2015 中进行处理。方法：选择工具箱中的 ☑（多边形套索工具），选取汽车选区，如图 5-3 所示。然后选择"选择 | 复制"

命令，复制汽车选区，接着选择"编辑 | 粘贴"命令，将汽车选区粘贴到一个新的图层上，如图 5-4 所示。

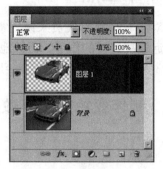

图 5-3　创建汽车选区　　　　　　　　　　　　图 5-4　图层分布

3）选择"文件 | 存储为"命令，将其保存为"汽车 .psd"。

2. 制作汽车变色效果

1）新建项目文件。方法：启动 Premiere Pro CC 2015，然后单击"新建项目"按钮，如图 5-5 所示。接着在弹出的"新建项目"对话框的"名称"文本框中输入"变色的汽车效果"，如图 5-6 所示，单击"确定"按钮。

2）新建"序列 01"序列文件。方法：单击"项目"面板下方的■（新建项）按钮，从弹出的快捷菜单中选择"序列"命令，然后在弹出的"新建序列"对话框中设置参数，如图 5-7 所示，单击"确定"按钮。

3）导入素材。方法：选择"文件 | 导入"命令，然后在弹出的"导入"对话框中选择刚才保存的网盘中的"素材及结果 \5.1 制作变色的汽车效果 \ 汽车 .psd"文件，如图 5-8 所示，单击"打开"按钮。接着在弹出的"导入分层文件：汽车"对话框中设置参数，如图 5-9 所示，单击"确定"按钮，此时"项目"面板如图 5-10 所示。

图 5-5　单击"新建项目"按钮　　　　　　图 5-6　输入"变色的汽车效果"

图 5-7　选择"标准 48kHz"

图 5-8　选择"汽车 .psd"

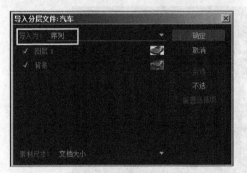

图 5-9　选择"序列"

图 5-10　"项目"面板

4）删除"项目"面板中多余的素材。方法：在"项目"面板中双击打开"汽车"文件夹，然后选择"汽车"序列文件，如图 5-11 所示，单击"项目"面板下方的🗑按钮，即可将其删除。

5）设置"图层 1/ 汽车 .psd"图片的持续时间长度为 2s。方法：右击"项目"面板中的"图层 1/ 汽车 .psd"素材，从弹出的快捷菜单中选择"速度 / 持续时间"命令，接着在弹出的"剪辑速度 / 持续时间"对话框中设置"持续时间"为 00:00:02:00，如图 5-12 所示，单击"确定"按钮。

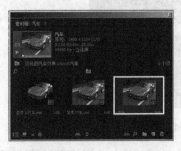

图 5-11　删除多余素材后的"项目"面板

图 5-12　设置"持续时间"为 00:00:02:00

6）将"项目"面板中的"图层 1/ 汽车 .psd"素材拖入"时间线"面板的 V2 轨道中，入点为 00:00:00:00，如图 5-13 所示，效果如图 5-14 所示。

图 5-13　将"图层 1/ 汽车 .psd"素材拖入 V2 轨道中

图 5-14　素材的显示效果

7）此时"图层 1/ 汽车 .psd"素材尺寸过大，下面调整该素材的大小。方法：选择 V2 轨道上的"图层 1/ 汽车 .psd"素材，然后在"效果控件"面板中展开"运动"参数，将"缩放"设置为 50.0，效果如图 5-15 所示。

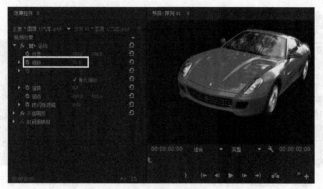

图 5-15　调整素材尺寸

8）选中 V2 轨道，使其高亮显示，然后选中时间线中的"图层 1/ 汽车 .psd"素材，按快捷键〈Ctrl+C〉进行复制，接着按〈End〉键，切换到"图层 1/ 汽车 .psd"的结尾处，再按快捷键〈Ctrl+V〉进行粘贴，此时"时间线"面板分布如图 5-16 所示。

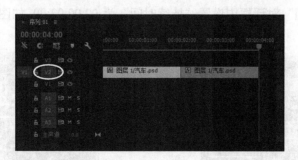

图 5-16　粘贴素材后的"时间线"面板分布

9）再粘贴两次"图层 1/ 汽车 .psd"素材，此时 V2 轨道有 4 段素材，每段 2s，时间总长度为 8s，如图 5-17 所示。

提示：再次从"项目"面板中拖入素材，也能得到相同的结果。

图 5-17　"时间线"面板分布

10）从"项目"面板中将"背景 / 汽车 .psd"拖入"时间线"面板的 V1 轨道中，入点为 00:00:00:00，然后设置该素材的持续时间为 8s，从而使"视频 1"和V2 轨道等长，如图 5-18 所示。

图 5-18　将"背景 / 汽车 .psd"的持续时间设置为 8s

11）调整"背景 / 汽车 .psd"素材的大小。方法：选择 V1 轨道上的"背景 / 汽车 .psd"，进入"效果控件"面板，将其"缩放"也设置为 50.0。

12）在"效果"面板中展开"视频效果"文件夹，然后选择"颜色校正"中的"颜色平衡（HLS）"特效，如图 5-19 所示。接着将其分别拖入"时间线"面板中的 V2 轨道中的第 2 ~ 4 段素材上，如图 5-20 所示。

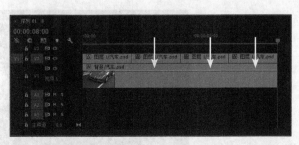

图 5-19　选择"颜色平衡（HLS）"特效　　图 5-20　分别给第 2~4 段素材添加"颜色平衡（HLS）"特效

13）将"视频 2"中的第 2 段素材中的汽车颜色调整为蓝色。方法：选中 V2 轨道中的第 2 段"图层 1/ 汽车 .psd"素材，然后在"效果控件"面板中展开"颜色平衡（HLS）"特效的参数，将"色相"设置为 220.0°，效果如图 5-21 所示。

图 5-21　将"色相"设置为 220.0°

14）将"视频 2"中的第 3 段素材中的汽车颜色调整为黄色。方法：选中 V2 轨道中第 3 段"图层 1/ 汽车 .psd"素材，然后在"效果控件"面板中展开"颜色平衡（HLS）"特效的参数，将"色相"设置为 50.0°，效果如图 5-22 所示。

图 5-22　将"色相"设置为 50.0°

15）将"视频 2"中的第 4 段素材中的汽车颜色调整为绿色。方法：选中 V2 轨道中第 4 段"图层 1/ 汽车 .psd"素材，然后在"效果控件"面板中展开"颜色平衡（HLS）"特效的参数，将"色相"设置为 100.0°，效果如图 5-23 所示。

图 5-23　将"色相"设置为 100.0°

3. 在素材间添加视频过渡效果

1）选中 V2 轨道，使其高亮显示，然后按〈↓〉或〈↑〉键，将时间线分别定位在 4 段素材的相交处，接着按快捷键〈Ctrl+D〉，添加默认的"交叉溶解"视频过渡效果，如图 5-24 所示。

图 5-24　添加默认的"交叉溶解"视频过渡效果

2）至此，整个变色的汽车效果制作完毕。选择"文件｜导出｜媒体"命令，将其输出为"变色的汽车效果 .avi"文件。

5.2　制作金字塔的水中倒影效果

要点：

本例将制作古建筑金字塔的水中倒影效果，如图 5-25 所示。通过本例的学习，读者应掌握"镜像"特效、"裁剪"特效、"光照效果"特效和"波形变形"特效的综合应用。

图 5-25　金字塔的水中倒影效果

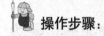
操作步骤：

1. 制作金字塔的倒影效果

1）启动 Premiere Pro CC 2015，然后单击"新建项目"按钮，新建一个名称为"金字塔的水中倒影效果"的项目文件。接着新建一个 DV-PAL 制式标准 48kHz 的"序列 01"序列文件。

2）导入图片素材。方法：选择"文件｜导入"命令，导入网盘中的"素材及结果 \ 第 5 章 视频特效的应用 \5.2 制作金字塔的水中倒影效果 \ 金字塔 .jpg"和"水面 .jpg"文件，并将它们以图标视图的形式进行显示，如图 5-26 所示。

3）将"项目"面板中的"金字塔 .jpg"素材拖入"时间线"面板的 V1 轨道中，入点为 00:00:00:00，并将该素材的"持续

图 5-26　"项目"面板

时间"设置为 3s，如图 5-27 所示，效果如图 5-28 所示。

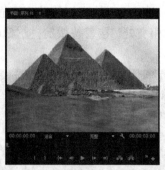

图 5-27　将"金字塔 .jpg"素材拖入 V1 轨道中　　　图 5-28　"金字塔 .jpg"素材的显示效果

4）制作金字塔的倒影效果。方法：在"效果"面板中展开"视频效果"文件夹，然后选择"扭曲"中的"镜像"特效，如图 5-29 所示。接着将其拖入"时间线"面板的 V1 轨道中的"金字塔 .jpg"素材上。最后进入"效果控件"面板，调整"镜像"特效参数，如图 5-30 所示。

图 5-29　选择"镜像"特效　　　　图 5-30　调整"镜像"特效参数后的显示效果

2. 制作动态的水面效果

1）将"项目"面板中的"水面 .jpg"素材拖入"时间线"面板的 V2 轨道中，入点为 00:00:00:00，并将该素材的"持续时间"也设置为 3s，此时"时间线"面板如图 5-31 所示，效果如图 5-32 所示。

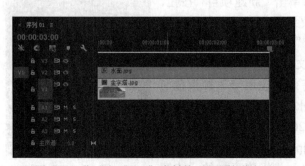

图 5-31　将"水面 .jpg"素材拖入 V2 轨道中　　　图 5-32　"水面 .jpg"素材的显示效果

2）裁剪出水面区域。方法：在"效果"面板中展开"视频效果"文件夹，然后选择"变换"中的"裁剪"特效，如图 5-33 所示。接着将其拖入"时间线"面板的 V2 轨道中的"水面 .jpg"素材上。最后进入"效果控件"面板，调整"裁剪"特效的参数，如图 5-34 所示。

图 5-33　选择"裁剪"特效

图 5-34　调整"裁剪"特效参数后的显示效果

3）制作水面半透明效果。方法：展开"不透明度"选项，将"不透明度"的数值设置为 75.0%，如图 5-35 所示。

图 5-35　将"不透明度"的数值设置为 75.0% 的效果

4）制作水面上的光线反射效果。方法：在"效果"面板中展开"视频效果"文件夹，然后选择"调整"中的"光照效果"特效，如图 5-36 所示。接着将其拖入"时间线"面板的 V2 轨道中的"水面 .jpg"素材上。最后进入"效果控件"面板，调整"光照效果"特效的参数，如图 5-37 所示。

5）制作水面上的动态波纹效果。方法：在"效果"面板中展开"视频效果"文件夹，然后选择"扭曲"中的"波形变形"特效，如图 5-38 所示。接着将其拖入"时间线"面板的 V2 轨道中的"水面 .jpg"素材上。最后进入"效果控件"面板，调整"波形变形"特效的参数，如图 5-39 所示。

图 5-36　选择"光照效果"特效

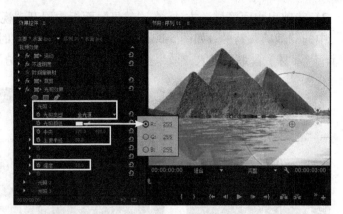

图 5-37　调整"光照效果"特效参数后的显示效果

图 5-38　选择"波形变形"特效

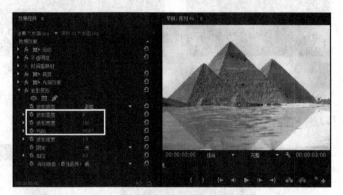

图 5-39　调整"波形变形"特效参数后的显示效果

6）此时水面的位置不是很准确，而且区域过小，下面在"效果控件"面板中调整"水面 .jpg"素材的"位置"和"缩放"参数，如图 5-40 所示。

图 5-40　调整"水面 .jpg"素材的"位置"和"缩放"参数后的效果

7）至此，整个金字塔的水中倒影效果制作完毕。选择"文件 | 导出 | 媒体"命令，将其输出为"金字塔的水中倒影效果 .avi"文件。

5.3　制作动态水中倒影效果

要点：

　　本例将制作文字动态的水中倒影效果，如图 5-41 所示。通过本例的学习，读者应掌握 Photoshop 中的图层在 Premiere Pro CC 2015 中的应用，以及利用"波形变形"特效制作水波荡 漾动画的方法。

图 5-41　动态水中倒影效果

操作步骤：

1. 编辑图片素材

　　1）启动 Photoshop CS5 软件，然后选择"文件 | 打开"命令，打开网盘中的"素材及结 果 \ 第 5 章 视频特效的应用 \5.3 制作动态水中倒影效果 \ 背景 .jpg"文件，如图 5-42 所示。

图 5-42　"背景 .jpg"图片

　　2）输入文字。方法：选择工具箱中的 **T** （横排文字工具），然后在图片中输入文字"水 中倒影"，字体为"隶书"、字号为 150，效果如图 5-43 所示。

图 5-43　输入文字"水中倒影"

3) 制作倒影文字效果。方法：在"图层"面板中选择"水中倒影"图层，然后将其拖到"图层"面板下方的 ▢（创建新图层）按钮上，从而产生一个名称为"水中倒影 副本"的图层，如图 5-44 所示。接着选择复制后的图层，选择"编辑 | 变换 | 垂直翻转"命令，将其垂直翻转。最后利用工具箱中的 ➤（移动工具）将翻转后的文字向下移动，放置到图片中水的位置，如图 5-45 所示。

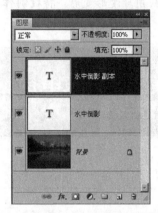

图 5-44　复制出"水中倒影 副本"图层　　　图 5-45　将文字垂直翻转并调整位置后的效果

4) 制作倒影文字的半透明效果。方法：在"图层"面板中选择"水中倒影 副本"图层，然后单击"图层"面板下方的 ▢（添加图层蒙板）按钮，给该图层添加一个蒙版，如图 5-46 所示。接着选择工具箱中的 ▤（渐变工具），设置渐变方式为"黑 - 白线性渐变"，再对蒙版从上到下进行填充，效果如图 5-47 所示。

图 5-46　给"水中倒影 副本"图层添加图层蒙版　　　图 5-47　对蒙版进行处理后的效果

5) 将图片中的水面单独分离出来。方法：选择"背景"图层，然后利用工具箱中的 ▢（矩形选框工具）选取图片中的水面部分，如图 5-48 所示。接着选择"编辑 | 复制"命令，进行复制，最后选择"编辑 | 粘贴"命令，进行粘贴，此时会产生一个名称为"图层 1"的图层，如图 5-49 所示。

6) 为了便于在 Premiere 中制作倒影文字和水面一起进行波动的效果，下面进行图层合并。方法：将"图层 1"移动到"水中倒影"图层的上方，如图 5-50 所示。然后选择"水中倒影 副本"图层，单击"图层"面板右上角的 ▤ 按钮，从弹出的快捷菜单中选择"向下合并"命令，如图 5-51 所示，效果如图 5-52 所示。

图 5-48　选取图片中的水面部分　　　　　　图 5-49　将水面部分单独分离出来

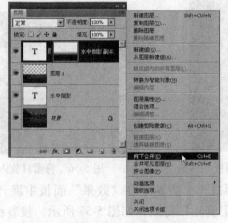

图 5-50　调整图层顺序　　　　　图 5-51　选择"向下合并"命令　　　　　图 5-52　图层分布

7）选择"文件|存储为"命令，将文件保存为"背景 .psd"文件。

2. 制作动态水波效果

1）启动 Premiere Pro CC 2015，然后单击"新建项目"按钮，新建一个名称为"动态水中倒影效果"的项目文件。接着新建一个 DV-PAL 制式标准 48kHz 的"序列 01"序列文件。

2）导入图片素材。方法：选择"文件|导入"命令，然后在弹出的"导入"对话框中选择网盘中的"素材及结果 \ 第 5 章 视频特效的应用 \5.3 制作动态水中倒影效果 \ 背景 .psd"文件，如图 5-53 所示，单击"打开"按钮。接着在弹出的"导入分层文件：背景"对话框中设置参数，如图 5-54 所示，单击"确定"按钮，即可将"背景 .psd"文件分层导入到"项目"面板中，最后单击"项目"面板下方的 ▤（列表视图）按钮，将素材以列表视图的形式显示，如图 5-55 所示。

3）将素材放入"时间线"面板。方法：将"项目"面板中的"背景 / 背景 .psd""图层 1 / 背景 .psd"和"水中倒影 / 背景 . psd"素材分别拖入"时间线"面板的"视频 1""视频 2"和 V3 轨道中，入点均为 00:00:00:00，并将素材的"持续时间"均设置为 5s，此时"时间线"面板如图 5-56 所示。

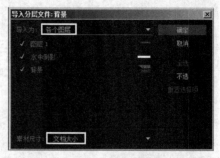

图 5-53 选择"背景 .psd"文件　　　　　图 5-54 "导入分层文件 : 背景"对话框

图 5-55 "项目"面板　　　　　　　图 5-56 将素材放入"时间线"面板

4）制作动态水中倒影效果。方法：在"效果"面板中展开"视频效果"文件夹，然后选择"扭曲"中的"波形变形"特效，如图 5-57 所示。接着将其拖入"时间线"面板的 V2 轨道中的"图层 1/ 背景 .psd"素材上。最后进入"效果控件"面板，设置"波形变形"的参数，如图 5-58 所示，效果如图 5-59 所示。

图 5-57 选择"波形变形"特效　　图 5-58 设置"波形变形"的参数　　图 5-59 设置"波形变形"参数
　　　　　　　　　　　　　　　　　　　　　　　　　　　　　　　　　　后的效果

5）至此，整个动态水中倒影效果制作完毕。选择"文件 | 导出 | 媒体"命令，将其输出为"动态水中倒影效果 .avi"文件。

5.4　制作水墨画效果

要点：

本例将制作水墨画效果，如图 5-60 所示。通过本例的学习，读者应掌握创建"颜色遮罩"，以及"黑白"特效、"查找边缘"特效、"自动对比度"特效、"高斯模糊"特效和"亮度键"特效的综合应用。

a)　　　　　　　　　　　　　　　　　　　b)

图 5-60　水墨画效果
a) 原图　b) 结果图

操作步骤：

1. 将画面处理为水墨效果

1）启动 Premiere Pro CC 2015，然后单击"新建项目"按钮，新建一个名称为"水墨画效果"的项目文件。接着新建一个 DV-PAL 制式标准 48kHz 的"序列 01"序列文件。

2）导入图片素材。方法：选择"文件|导入"命令，导入网盘中的"素材及结果\第5章 视频特效的应用\5.4 制作水墨画效果\风景图片 .tif"和"题词 .tif"文件，并将导入的素材以列表视图的形式显示，如图 5-61 所示。

图 5-61　"项目"面板

3）将"项目"面板中的"风景图片 .tif"拖入"时间线"面板的 V2 轨道中，入点为 00:00:00:000，如图 5-62 所示，效果如图 5-63 所示。

4）将彩色图片处理为黑白图片。方法：在"效果"面板中展开"视频效果"文件夹，然后选择"图像控制"中的"黑白"特效，如图 5-64 所示。接着将其拖入"时间线"面板的 V2 轨道中的"风景图片 .tif"素材上，效果如图 5-65 所示。

图 5-62　"时间线"面板

图 5-63　画面效果

图 5-64　选择"黑白"特效

图 5-65　添加"黑白"特效后的显示效果

5）制作边缘效果。方法：在"效果"面板中展开"视频效果"文件夹，然后选择"风格化"中的"查找边缘"特效，如图 5-66 所示。接着将其拖入"时间线"面板的 V2 轨道中的"风景图片 .tif"素材上。最后在"效果控件"面板中设置参数，如图 5-67 所示。

图 5-66　选择"查找边缘"特效

图 5-67　设置"查找边缘"特效后的显示效果

6）增加图像的对比度。方法：在"效果"面板中展开"视频特果"文件夹，然后选择"调整"中的"自动对比度"特效，如图 5-68 所示。接着将其拖入"时间线"面板的 V2 轨道中的"风景图片 .tif"素材上。最后在"效果控件"面板中设置参数，如图 5-69 所示。

 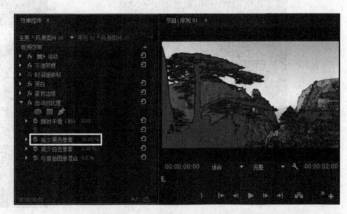

图 5-68 选择"自动对比度"特效 图 5-69 设置"自动对比度"特效后的效果

7）制作画面的模糊效果。在"效果"面板中展开"视频效果"文件夹，然后选择"模糊与锐化"中的"高斯模糊"特效，如图 5-70 所示。接着将其拖入"时间线"面板的 V2 轨道中的"风景图片 .tif"素材上，并在"效果控件"面板中设置参数，如图 5-71 所示。

 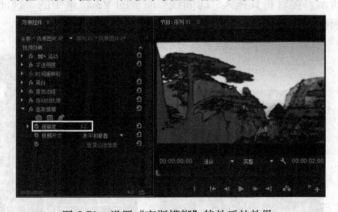

图 5-70 选择"高斯模糊"特效 图 5-71 设置"高斯模糊"特效后的效果

2. 添加题词

1）将"项目"面板中的"题词 .tif"拖入"时间线"面板的 V3 轨道中，入点为 00:00:00:00，如图 5-72 所示。

图 5-72 将"题词 .tif"拖入"时间线"面板的 V3 轨道中

2）调整"题词.tif"素材的位置。方法：选择V3轨道中的"题词.tif"素材，然后在"效果控件"面板中设置"位置"坐标为（580.0，120.0），如图5-73所示，效果如图5-74所示。

图5-73 设置"位置"坐标为（580.0，120.0）

图5-74 设置"位置"坐标后的效果

3）此时题词的背景为白色，没有与水墨画进行很好的融合，下面将白色背景去除。方法：在"效果"面板中展开"视频效果"文件夹，然后选择"键控"中的"亮度键"特效，如图5-75所示。接着将其拖入"时间线"面板的V3轨道中的"题词.tif"素材上。最后在"效果控件"面板中设置"亮度键"特效的参数，如图5-76所示。

图5-75 选择"亮度键"特效

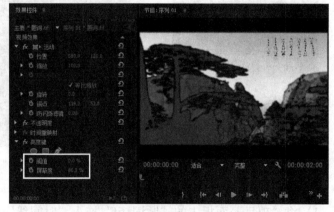

图5-76 设置"亮度键"特效后的效果

3. 添加装裱画面

1）制作背景。方法：单击"项目"面板下方的 ■（新建项）按钮，然后从弹出的下拉菜单中选择"颜色遮罩"命令，如图5-77所示。接着在弹出的"新建颜色遮罩"对话框中保持默认设置，如图5-78所示，单击"确定"按钮。再在弹出的"拾色器"对话框中设置一种土黄色（R：190，G：190，B：165），如图5-79所示，单击"确定"按钮，最后在弹出的"选择名称"对话框中保持默认设置，如图5-80所示，单击"确定"按钮，即可完成土黄色背景的创建，此时"项目"面板如图5-81所示。

图 5-77　选择"颜色遮罩"命令

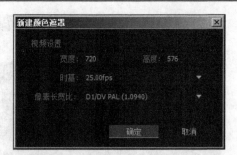

图 5-78　"新建颜色遮罩"对话框

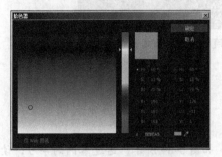

图 5-79　设置一种土黄色

图 5-80　保持默认设置

图 5-81　"项目"面板

2）将"项目"面板中的"颜色遮罩"素材拖入"时间线"面板的 V1 轨道中，入点为 00:00:00:00，如图 5-82 所示。

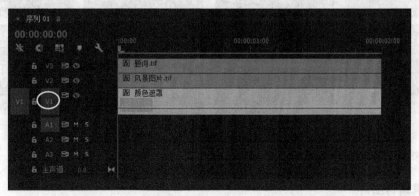

图 5-82　将"颜色遮罩"拖入"时间线"面板的 V1 轨道中

3）此时看不到背景效果，这是因为"风景图片 .tif"素材将颜色遮罩遮挡住了，下面选中 V2 轨道上的"风景图片 .tif"素材，然后在"效果控制台"面板中取消选中"等比缩放"复选框，再将"缩放高度"设置为 80.0，如图 5-83 所示。

4）至此，整个水墨画效果制作完毕。选择"文件|导出|媒体"命令，将其输出为"水墨画效果 .avi"文件。

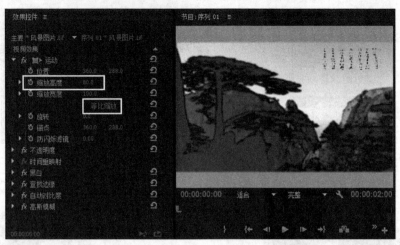

图 5-83　将"风景图片 .tif"素材的"缩放高度"设置为 80.0 后的效果

5.5　制作逐一翻开的画面效果

　要点：

　　本例将制作多幅画面逐个出现，再逐一翻开的效果，如图 5-84 所示。通过本例的学习，读者应掌握改变素材长度的方法，以及"边角固定"视频特效、添加字幕和透明度的综合应用。

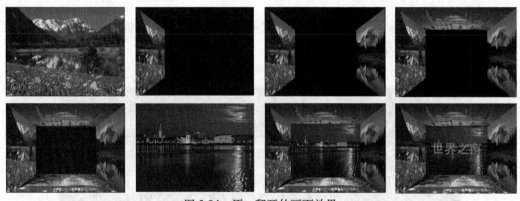

图 5-84　逐一翻开的画面效果

　操作步骤：

1. 编辑素材图片

　　1）启动 Premiere Pro CC 2015，然后单击"新建项目"按钮，新建一个名称为"逐一翻开的画面效果"的项目文件。接着新建一个 DV-PAL 制式标准 48kHz 的"序列 01"序列文件。

　　2）导入图片素材。方法：选择"文件 | 导入"命令，导入网盘中的"素材及结果 \ 第 5 章 视频特效的应用 \5.5 制作逐一翻开的画面效果 \ 风景 1.jpg""风景 2.jpg""风景 3.jpg""风景 4.jpg"和"风景 5.jpg"文件，并将导入的素材以列表视图的形式显示，此时"项目"面板如图 5-85 所示。

3）设置"风景 1.jpg"图片的"持续时间"为 18s。方法：右击"项目"面板中的"风景 1.jpg"素材，从弹出的快捷菜单中选择"速度 / 持续时间"命令，接着在弹出的"剪辑速度 / 持续时间"对话框中设置"持续时间"为 00:00:18:00，如图 5-86 所示，单击"确定"按钮。

图 5-85　"项目"面板

图 5-86　设置"风景 1.jpg"的持续时间

4）同理，在"项目"面板中将"风景 2.jpg"素材的"持续时间"设置为 15s，将"风景 3.jpg"素材的"持续时间"设置为 12s，将"风景 4.jpg"素材的"持续时间"设置为 9s，将"风景 5.jpg"素材的"持续时间"设置为 6s。

5）添加 3 条视频轨道。方法：在"时间线"面板左侧的轨道中右击，从弹出的快捷菜单中选择"添加轨道"命令，如图 5-87 所示。然后在弹出的"添加轨道"对话框中设置参数，如图 5-88 所示，单击"确定"按钮，即可添加 3 条视频轨道，如图 5-89 所示。

图 5-87　选择"添加轨道"命令

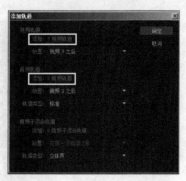

图 5-88　"添加轨道"对话框

图 5-89　添加 3 条视频轨道的"时间线"面板

6）将"项目"面板中的"风景 1.jpg"素材拖入"时间线"面板的 V1 轨道中，入点为
00:00:00:00。然后将"风景 2.jpg"素材拖入 V2 轨道中，使其出点为 00:00:18:00（即与 V1 轨
道的"风景 1.jpg"素材结尾处对齐）。同理，依次将"风景 3.jpg""风景 4.jpg"和"风景 5.jpg"
素材拖入"视频 3""视频 4"和 V5 轨道中，并将它们的出点均设置为 00:00:18:00，此时"时
间线"面板如图 5-90 所示。

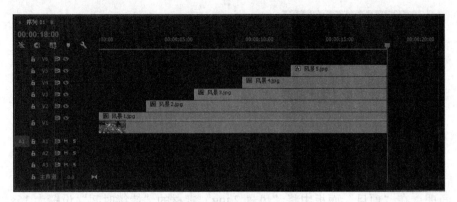

图 5-90 "时间线"面板

2. 制作画面翻开和缩放效果

1）给"风景 1.jpg"～"风景 4.jpg"素材添加"边角定位"特效。方法：在"效果"面
板中展开"视频效果"文件夹，然后选择"扭曲"中的"边角定位"特效，如图 5-91 所示。
接着分别将其拖入"时间线"面板中的"风景 1.jpg"～"风景 4.jpg"素材上。

图 5-91 选择"边角定位"特效

2）制作"风景 1.jpg"素材的翻开动画。方法：选择 V1 轨道中的"风景 1.jpg"素材，
然后在"效果控件"面板中单击右上角的■（显示 / 隐藏时间线）按钮（单击后变为▶按钮），
显示出时间线控制区。接着将时间滑块移动到 00:00:00:00 处，单击"右上"和"右下"前
的■按钮，在此处添加关键帧，此时按钮变为■状态，如图 5-92 所示。接着将时间滑块移动
到 00:00:02:00 的位置，将"右上"的坐标改为（180.0,142.0），将"右下"的坐标改为（180.0,
432.0），如图 5-93 所示。

图 5-92　在 00:00:00:00 处添加"右上"和"右下"的关键帧

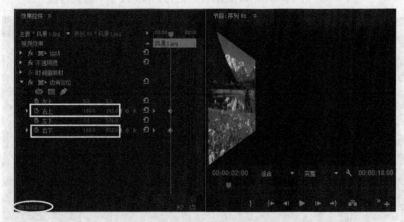

图 5-93　在 00:00:02:00 处调整"右上"和"右下"的坐标

3）此时在"节目"监视器中单击▶按钮，即可看到 00:00:00:00 ～ 00:00:02:00 之间"风景 1.jpg"的画面翻开效果，如图 5-94 所示。

图 5-94　"风景 1.jpg"的画面翻开效果

4）制作"风景 2.jpg"素材的翻开动画。方法：选择 V2 轨道中的"风景 2.jpg"素材，然后在"效果控件"面板中将时间滑块移动到 00:00:03:00 处，单击"左上"和"左下"前的按钮，在此处添加关键帧，如图 5-95 所示。接着将时间滑块移动到 00:00:05:00 的位置，将"左上"的坐标改为（540.0，142.0），将"左下"的坐标改为（540.0，432.0），如图 5-96 所示。

图 5-95　在 00:00:03:00 处添加"左上"和"左下"的关键帧

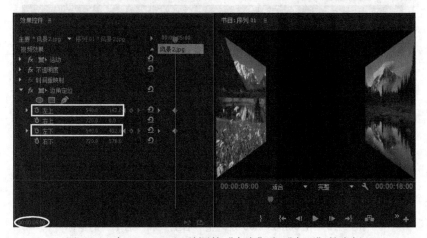

图 5-96　在 00:00:05:00 处调整"左上"和"左下"的坐标

5）此时在"节目"监视器中单击■按钮，即可看到 00:00:03:00 ～ 00:00:05:00 之间"风景 2.jpg"的画面翻开效果，如图 5-97 所示。

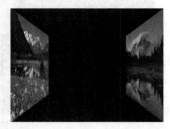

图 5-97　"风景 2.jpg"的画面翻开效果

6）制作"风景 3.jpg"素材的翻开动画。方法：选择 V3 轨道中的"风景 3.jpg"素材，然后在"效果控件"面板中将时间滑块移动到 00:00:06:00 处，单击"左下"和"右下"前的■按钮，在此处添加关键帧，如图 5-98 所示。接着将时间滑块移动到 00:00:08:00 的位置，将"左下"的坐标改为（180.0，142.0），将"右下"的坐标改为（540.0，142.0），如图 5-99 所示。

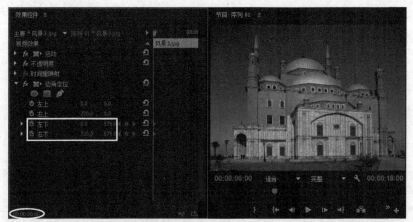

图 5-98　在 00:00:06:00 处添加"左下"和"右下"的关键帧

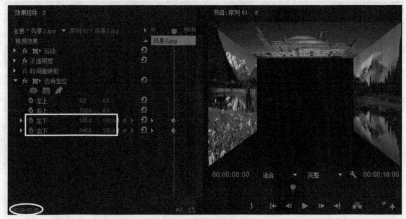

图 5-99　在 00:00:08:00 处调整"左下"和"右下"的坐标

7）此时在"节目"监视器中单击▶按钮，即可看到 00:00:06:00 ～ 00:00:08:00 之间"风景 3.jpg"的画面翻开效果，如图 5-100 所示。

图 5-100　"风景 3.jpg"的画面翻开效果

8）制作"风景 4.jpg"素材的翻开动画。方法：选择 V4 轨道中的"风景 4.jpg"素材，然后在"效果控件"面板中将时间滑块移动到 00:00:09:00 处，单击"左上"和"右上"前的 按钮，在此处添加关键帧，如图 5-101 所示。接着将时间滑块移动到 00:00:11:00 的位置，将"左上"的坐标改为（180.0，432.0），将"右上"的坐标改为（540.0，432.0），如图 5-102 所示。

图 5-101　在 00:00:09:00 处添加"左上"和"右上"的关键帧

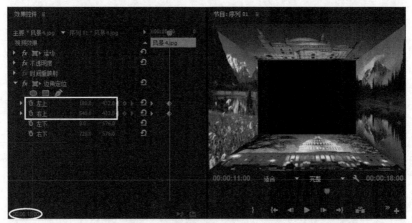

图 5-102　在 00:00:11:00 处调整"左上"和"右上"的坐标

9）此时在"节目"监视器中单击▶按钮，即可看到 00:00:09:00 ~ 00:00:11:00 之间"风景 4.jpg"的画面翻开效果，如图 5-103 所示。

图 5-103　"风景 4.jpg"的画面翻开效果

10）制作"风景 5.jpg"素材的缩放动画。方法：选择 V5 轨道中的"风景 5.jpg"素材，然后在"效果控件"面板中将时间滑块移动到 00:00:12:00 处，单击"缩放"前的◎按钮，在此处添加关键帧，如图 5-104 所示。接着将时间滑块移动到 00:00:14:00 的位置，将"缩放"的数值设置为 50.0，如图 5-105 所示。

11）此时在"节目"监视器中单击▶按钮，即可看到 00:00:12:00 ~ 00:00:14:00 之间"风景 5.jpg"的画面缩放效果，如图 5-106 所示。

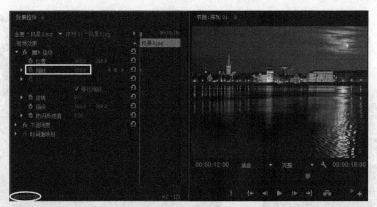

图 5-104　在 00:00:12:00 处添加"缩放"的关键帧

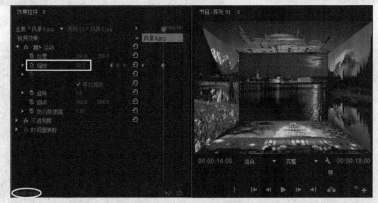

图 5-105　在 00:00:14:00 处将"缩放"的数值设置为 50.0

图 5-106　"风景 5.jpg"的画面缩放效果

3. 添加字幕的动画效果

1）单击"项目"面板下方的 ■（新建项）按钮，从弹出的快捷菜单中选择"字幕"命令，然后在弹出的"新建字幕"对话框中设置参数，如图 5-107 所示，单击"确定"按钮，进入"文字"字幕的设计窗口，如图 5-108 所示。

2）输入文字。方法：选择"字幕工具"面板中的 ■（文字工具），然后在"字幕"面板编辑窗口中输入"世界之窗"4 个字，接着在"字幕属性"面板中设置"字体"为 Adobe Arabic、"字体大小"为 80.0。再将"填充"选项区域下的"色彩"设置为白色，并设置相应的"内侧边"和"外侧边"。最后在"字幕动作"面板中单击 ■ 和 ■ 按钮，将文字居中对齐，效果如图 5-109 所示。

图 5-107 "新建字幕"对话框

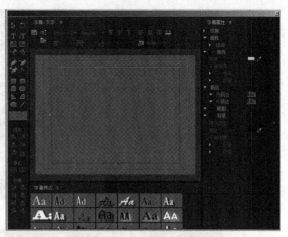

图 5-108 "文字"字幕的设计窗口

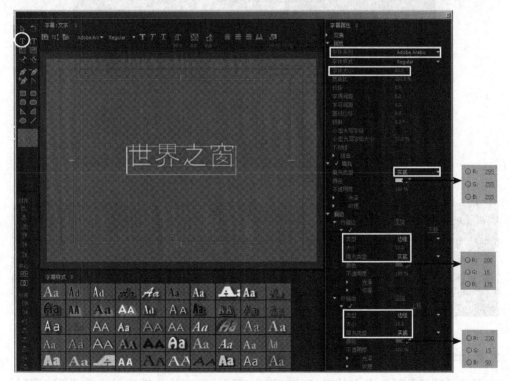

图 5-109 输入文字

3）单击字幕设计窗口右上角的▣按钮，关闭字幕设计窗口，此时创建的"文字"字幕会自动添加到"项目"面板中，如图 5-110 所示。

4）设置"文字"字幕的持续时间为 4s。方法：右击"项目"面板中的"文字"，然后从弹出的快捷菜单中选择"速度／持续时间"命令，接着在弹出的"剪辑速度／持续时间"对话框中设置"持续时间"为 00:00:04:00，如图 5-111 所示，单击"确定"按钮。

5）从"项目"面板中将制作好的"文字"字幕素材拖入"时间线"面板的"视频 6"中，并将出点设为与其他视频轨道对齐，如图 5-112 所示。

图 5-110 "项目"面板

图 5-111 设置"文字"字幕的持续时间

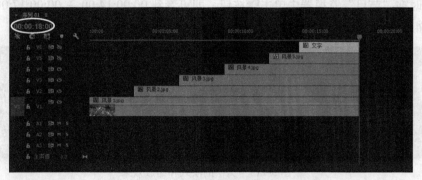

图 5-112 "时间线"面板

6）制作字幕的淡入和缩放效果。方法：选择"时间线"面板中的"文字"字幕素材，然后进入"效果控件"面板，将时间线移动到 00:00:14:00 的位置，分别单击"缩放"和"不透明度"选项前面的 按钮，添加关键帧，并将"缩放"的数值设置为 600.0，将"不透明度"的数值设置为 0.0%，如图 5-113 所示。接着将时间滑块移动到 00:00:17:00 位置，然后将"缩放"的数值设置为 100.0，将"不透明度"的数值设置为 100.0%，如图 5-114 所示。

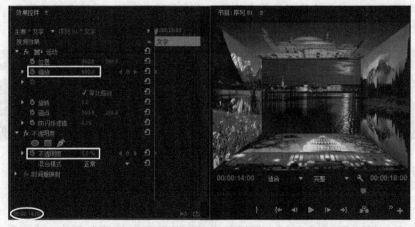

图 5-113 在 00:00:14:00 的位置添加"缩放"和"不透明度"关键帧

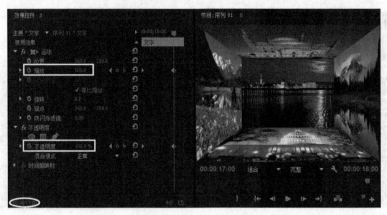

图 5-114　在 00:00:17:00 的位置添加"缩放"和"不透明度"关键帧

7）此时在"节目"监视器中单击 ▶ 按钮，即可看到 00:00:14:00 ~ 00:00:17:00 之间文字的淡入和缩放效果，如图 5-115 所示。

图 5-115　文字的淡入和缩放效果

8）至此，整个逐一翻开的画面效果制作完毕。选择"文件 | 导出 | 媒体"命令，将其输出为"逐一翻开的画面效果 .avi"文件。

5.6　制作局部马赛克效果

 要点：

本例将制作影片中常见的局部马赛克效果，如图 5-116 所示。通过本例的学习，读者应掌握"裁剪"特效和"马赛克"特效的综合应用。

图 5-116　局部马赛克效果

 操作步骤：

1. 导入素材

1）启动 Premiere Pro CC 2015，然后单击"新建项目"按钮，新建一个名称为"局部马赛克效果"的项目文件。接着新建一个 DV-PAL 制式标准 48kHz 的"序列 01"序列文件。

　　2）导入视频素材。方法：选择"文件 | 导入"命令，导入网盘中的"素材及结果 \ 第 5 章 视频特效的应用 \5.6 制作局部马赛克效果 \ 人物 .avi"文件。然后将其拖入"时间线"面板的 V1 轨道中作为背景视频，入点为 00:00:00:00，如图 5-117 所示。

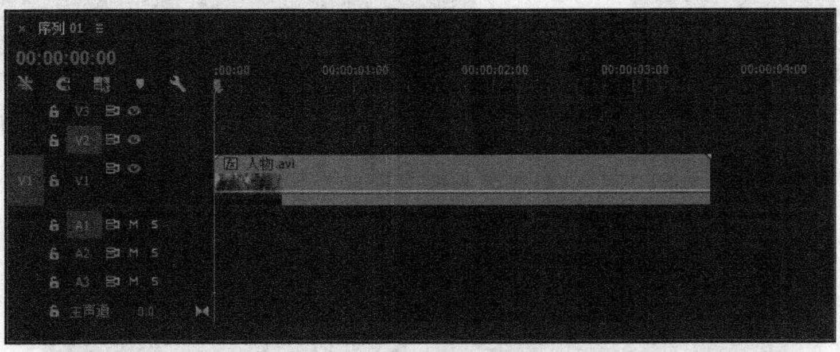

图 5-117　将"人物 .avi"文件拖入 V1 轨道中

　　3）在"时间线"面板中复制素材作为制作马赛克的视频。方法：在"时间线"面板中选择 V1 轨道上的"人物 .avi"素材，然后按快捷键〈Ctrl+C〉进行复制。接着激活 V2 轨道，使其高亮显示，再将时间滑块放置到 00:00:00:00 的位置，按快捷键〈Ctrl+V〉进行粘贴，效果如图 5-118 所示。

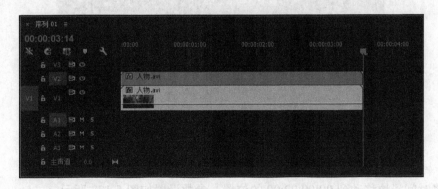

图 5-118　将 V1 轨道中的"人物 .avi"素材复制到 V2 轨道中

2. 设置动态的马赛克区域

　　1）在"效果"面板中展开"视频效果"文件夹，选择"变换"中的"裁剪"特效，如图 5-119 所示。然后将其拖入"时间线"面板 V2 轨道中的"人物 .avi"素材上。

　　2）为了便于设置马赛克区域，下面隐藏 V1 轨道的显示，如图 5-120 所示。

　　3）选中 V2 轨道上的"人物 .avi"素材，然后在"效果控件"面板中，将时间滑块移动到 00:00:00:00 的位置，单击"左侧""顶部""右侧"和"底部"前的 █ 按钮，插入关键帧，并设置参数，如图 5-121 所示。

　　4）将时间滑块移动到 00:00:01:00 的位置，参数设置如图 5-122 所示。

图 5-119　选择"裁剪"特效

图 5-120　隐藏 V1 轨道的显示

图 5-121　在 00:00:00:00 处设置"裁剪"关键帧参数

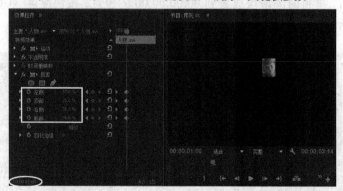

图 5-122　在 00:00:01:00 处设置"裁剪"关键帧参数

5）将时间滑块移动到 00:00:02:00 的位置，参数设置如图 5-123 所示。

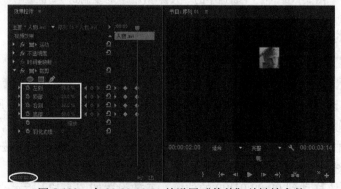

图 5-123　在 00:00:02:00 处设置"裁剪"关键帧参数

6）将时间滑块移动到 00:00:03:13 的位置，参数设置如图 5-124 所示。

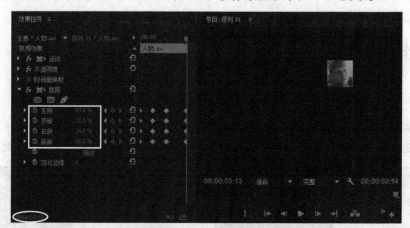

图 5-124　在 00:00:03:13 处设置"裁剪"关键帧参数

3. 制作马赛克效果

1）在"效果"面板中展开"视频效果"文件夹，然后选择"风格化"中的"马赛克"特效，如图 5-125 所示。接着分别将其拖入"时间线"面板的 V2 轨道中的"人物 .avi"素材上。

2）选择 V2 轨道上的"人物 .avi"素材，然后在"效果控件"面板中设置"马赛克"特效的参数，如图 5-126 所示。

图 5-125　选择"马赛克"特效

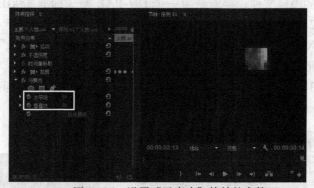

图 5-126　设置"马赛克"特效的参数

3）在"时间线"面板中恢复 V1 轨道的显示，如图 5-127 所示。

图 5-127　恢复 V1 轨道的显示

4）至此，整个局部马赛克效果制作完毕。选择"文件 | 导出 | 媒体"命令，将其输出为"局部马赛克效果 .avi"文件。

5.7　制作底片效果

要点：

本例将制作在相机按下快门的一瞬间所产生的底片效果，如图 5-128 所示。通过本例的学习，读者应掌握设置素材持续时间、利用字幕制作取景框，以及"闪光灯"和"反转"特效的综合应用。

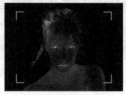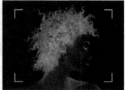

图 5-128　底片效果

操作步骤：

1. 将素材放入时间线

1）启动 Premiere Pro CC 2015，然后单击"新建项目"按钮，新建一个名称为"底片效果"的项目文件。接着新建一个 DV-PAL 制式标准 48kHz 的"序列 01"序列文件。

2）导入素材。方法：选择"文件 | 导入"命令，导入网盘中的"素材及结果 \ 第 5 章视频特效的应用 \5.7 制作底片效果 \001.jpg"和"002.jpg"文件，并将导入的素材以列表视图的形式显示，此时"项目"面板如图 5-129 所示。

3）将"项目"面板中的"001.jpg"素材拖入"时间线"面板的 V1 轨道中，入点为 00:00:00:00，如图 5-130 所示。

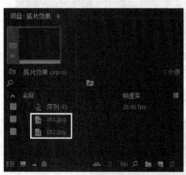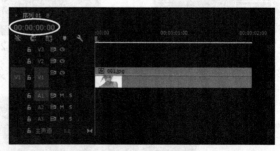

图 5-129　"项目"面板　　　　图 5-130　将"001.jpg"拖入"时间线"面板的 V1 轨道上

4）修改"001.jpg"素材的持续时间。方法：选择"时间线"面板中的"001.jpg"素材，然后右击，从弹出的快捷菜单中选择"速度 / 持续时间"命令，接着在弹出的"剪辑速度 / 持续时间"对话框中设置"持续时间"为 00:00:01:05，如图 5-131 所示，单击"确定"按钮，此时"时间线"面板如图 5-132 所示。

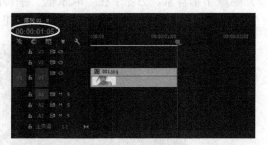

图 5-131 设置"持续时间"为 00:00:01:05　　　　图 5-132 调整"持续时间"后的素材

5）同理，将"项目"面板中的"002.jpg"素材拖入"时间线"面板的 V1 轨道中，使"001.jpg"和"002.jpg"素材首尾相接。然后将"002.jpg"素材的"持续时间"也设置为00:00:01:05，此时"时间线"面板分布如图 5-133 所示。

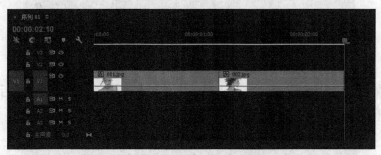

图 5-133 "时间线"面板

2. 创建取景框

1）新建"取景框"字幕。方法：单击"项目"面板下方的 ■（新建项）按钮，从弹出的快捷菜单中选择"字幕"命令，然后在弹出的"新建字幕"对话框中设置参数，如图 5-134所示，单击"确定"按钮，进入"取景框"字幕的设计窗口，如图 5-135 所示。

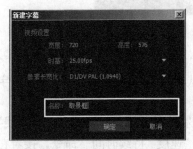

图 5-134 "新建字幕"对话框　　　　图 5-135 "取景框"字幕的设计窗口

2）隐藏字幕背景。方法：在"取景框"字幕的设计窗口中单击"字幕"面板属性栏中的 ▣（显示背景视频）按钮，隐藏字幕背景，效果如图5-136所示。

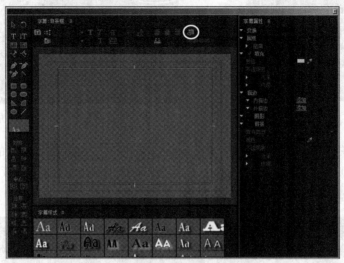

图5-136　隐藏字幕背景后的效果

3）绘制取景框。方法：选择"字幕工具"面板中的 ▨（直线工具），然后在"字幕"面板编辑窗口中绘制取景框，如图5-137所示。

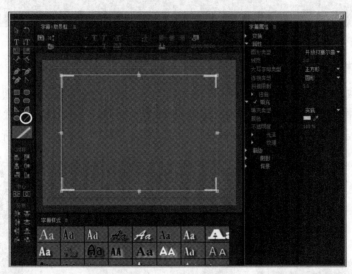

图5-137　绘制取景框

4）单击字幕设计窗口右上角的▣按钮，关闭字幕设计窗口，此时创建的"取景框"字幕会自动添加到"项目"面板中，如图5-138所示。然后从"项目"面板中将"取景框"字幕拖入"时间线"面板的V3轨道中。

5）将"取景框"字幕的时间长度设置为与"视频1"上的素材等长。方法：右击"时间线"面板中的"取景框"素材，然后从弹出的快捷菜单中选择"速度/持续时间"命令，接着在弹出的"剪辑速度/持续时间"对话框中将"持续时间"设置为00:00:02:10,如图5-139所示，单击"确定"按钮,从而使"取景框"字幕的长度与"视频1"的素材等长,此时"时间线"面板分布如图 5-140 所示。

图 5-138　"项目"面板

图 5-139　设置"取景框"字幕的持续时间

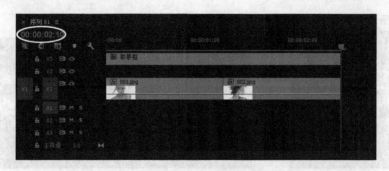

图 5-140　"时间线"面板的分布

6)制作取景框的闪光效果。方法:在"效果"面板中展开"视频效果"文件夹,然后选择"风格化"中的"闪光灯"特效,如图 5-141 所示。接着将其拖入"时间线"面板的V3 轨道中的"取景框"素材上。最后在"效果控件"面板中将"闪光灯"特效的"闪光色"设置为黑色,如图 5-142 所示。此时在"节目"监视器上单击 ▶ 按钮,即可看到取景框的黑白闪光效果,如图 5-143 所示。

图 5-141　选择"闪光灯"特效

图 5-142　将"闪光色"设置为黑色

图 5-143　取景框的黑白闪光效果

3. 制作底片效果

1）制作"001.jpg"素材的底片效果。方法：从"项目"面板中将"001.jpg"素材拖入"时间线"面板的 V2 轨道中，入点为 00:00:00:21。然后右击该素材，从弹出的快捷菜单中选择"速度／持续时间"命令，接着在弹出的"剪辑速度／持续时间"对话框中将"持续时间"设置为 00:00:00:04，如图 5-144 所示，单击"确定"按钮，此时"时间线"面板分布如图 5-145所示。

图 5-144　设置持续时间

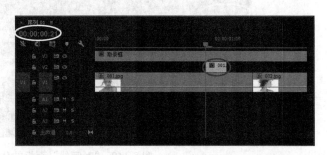

图 5-145　"时间线"面板的分布

2）在"效果"面板中展开"视频效果"文件夹，然后选择"通道"中的"反转"特效，如图 5-146 所示。接着将其拖入"时间线"面板中的 V2 轨道上的"001.jpg"素材上，效果如图 5-147 所示。

图 5-146　选择"反转"特效

图 5-147　"反转"效果

3）制作"002.jpg"素材的底片效果。方法：从"项目"面板中将"002.jpg"素材拖入

"时间线"面板的 V2 轨道中，入点为 00:00:01:21。然后将该素材的"持续时间"也设置为
00:00:00:04，此时"时间线"面板分布如图 5-148 所示。

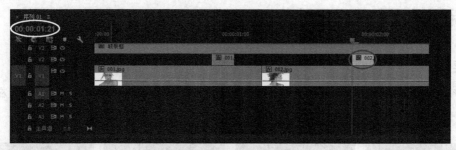

图 5-148　"时间线"面板的分布

4）在"效果"面板中同样选择"通道"中的"反转"特效，然后将其拖入"时间线"
面板的 V2 轨道中的"002.jpg"素材上，效果如图 5-149 所示。接着在"效果控件"面板中
展开"反相"特效的参数，将"通道"设置为"明亮度"，如图 5-150 所示，效果如图 5-151
所示。

图 5-149　给"002. jpg"添加"反转"特效的效果

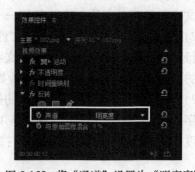

图 5-150　将"通道"设置为"明亮度"

图 5-151　将"通道"设置为"明亮度"的效果

5）至此，整个底片效果制作完毕。选择"文件|导出|媒体"命令，将其输出为"底片效果 .avi"文件。

5.8 制作金属扫光文字效果

要点：

本例将制作影视节目中常见的扫光效果，如图 5-152 所示。通过本例的学习，读者应掌握利用 Shine 特效的方法。

图 5-152　金属扫光文字效果

操作步骤：

1）启动 Premiere Pro CC 2015，然后单击"新建项目"按钮，新建一个名称为"金属扫光文字"的项目文件。接着新建一个 DV-PAL 制式标准 48kHz 的"序列 01"序列文件。

2）导入素材。方法：选择"文件|导入"命令，导入网盘中的"素材及结果\第5章视频特效的应用\5.8 制作金属扫光文字效果\金属文字 .tga"文件，并将导入的素材以列表视图的形式显示，此时"项目"面板如图 5-153 所示。

3）设置"金属文字 .tga"图片的持续时间长度为 5s。方法：右击"项目"面板中的"金属文字 .tga"素材，从弹出的快捷菜单中选择"速度/持续时间"命令，接着在弹出的"剪辑速度/持续时间"对话框中设置"持续时间"为 00:00:05:00，如图 5-154 所示，单击"确定"按钮。

图 5-153　"项目"面板　　　　　　　　图 5-154　将"持续时间"设置为 5s

4）将"项目"面板中的"金属文字 .tga"拖入"时间线"面板的 V1 轨道中，入点为 00:00:00:00，如图 5-155 所示。

图 5-155 将"金属文字 .tga"拖入 V1 轨道中

5）给 V1 轨道中的"金属文字 .tga"素材添加 Shine 特效。方法：在"效果"面板中展开"视频效果"文件夹，然后选择"Trapcode"中的"Shine"特效，如图 5-156 所示。接着将其拖入"时间线"面板 V1 轨道的"金属文字 .tga"素材。

6）制作从左边开始扫光的效果。方法：选择 V1 轨道中的"金属文字 .tga"素材，然后将时间滑块移动到 00:00:00:00 的位置，在"效果控件"面板中将"BoostLight"的数值设置为 10.0，再单击"SourcePoint"前的■按钮，在此处添加关键帧，接着将"SourcePoint"的数值设置为（1000.0，288.0），如图 5-157 所示。

图 5-156 选择"Shine"特效　　图 5-157 在 00:00:00:00 的位置添加"Source Point"的关键帧

7）制作扫光到文字中央的效果。方法：将时间滑块移动到 00:00:02:24 的位置，然后在"效果控件"面板中单击"Ray Length"前的■按钮，在此处添加关键帧，并将"Ray Length"的数值设置为 4.0。接着将"Source Point"的数值设置为（360.0,288.0），如图 5-158 所示。

8）制作扫光最后消失的效果。方法：将时间滑块移动到 00:00:03:24 的位置，将"Ray Length"的数值设为 0.0，如图 5-159 所示。

9）此时按〈Enter〉键，预览动画，会发现在 00:00:03:24 的位置，由于光线过强，文字是白色而不是黄色的，下面就来解决这个问题，使文字和光线的色彩自然融合。方法：从"项目"面板中将"文字 .tga"素材拖入"时间线"面板的 V2 轨道中，入点为 00:00:00:00，如图 5-160 所示，然后选择 V2 轨道中的"文字 .tga"素材，进入"效果控件"面板，将"不透明度"中的"混合模式"设置为"相乘"即可，如图 5-161 所示。

图 5-158　在 00:00:02:24 的位置设置"Source Point"和"Ray Length"关键帧参数

图 5-159　在 00:00:03:24 的位置将"Ray Length"的数值设置为 0.0

图 5-160　"时间线"面板

图 5-161　将"混合模式"设置为"相乘"

　　10）至此，整个金属扫光文字效果制作完毕，选择"文件 | 导出 | 媒体"命令，将其输出为"金属扫光文字效果 .avi"文件。

5.9　课后练习

　　1) 利用网盘中的"素材及结果 \ 第 5 章 视频特效的应用 \ 课后练习 \ 练习 1\ 汽车 .psd"

图片，制作变色的汽车，如图 5-162 所示。结果可参考网盘中的"素材及结果 \ 第 5 章 视频特效的应用 \ 课后练习 \ 练习 1\ 练习 1.prproj"文件。

图 5-162　练习 1 的效果

2) 利用网盘中的"素材及结果 \ 第 5 章 视频特效的应用 \ 课后练习 \ 练习 2\ 人物 .avi"图片，制作马赛克效果，如图 5-163 所示。结果可参考网盘中的"素材及结果 \ 第 5 章 视频特效的应用 \ 课后练习 \ 练习 2\ 练习 2.prproj"文件。

图 5-163　练习 2 的效果

第6章 字幕的应用

本章重点

字幕是现代影视节目中的重要组成部分，其用途是向观众传递一些视频画面所无法表达或难以表现的内容，以使观众们能够更好地理解影片含义。比如，在如今各式各样的广告中，字幕的应用越来越频繁，这些精美的字幕不仅能够起到为影片增色的目的，还能够直接向观众传递商品信息或消费理念。在 Premiere Pro CC 2015 中，利用字幕设计窗口可以创建用户所需的各种字幕。通过本章的学习，读者应掌握 Premiere Pro CC 2015 中字幕的具体使用方法和使用技巧。

6.1 制作随图片逐个出现的字幕效果

 要点：

本例将制作随图片逐个出现的字幕效果，如图 6-1 所示。通过本例的学习，读者应掌握制作简单文字字幕的方法。

图 6-1　随图片逐个出现的字幕效果

 操作步骤：

1. 编辑图片素材

1）启动 Premiere Pro CC 2015，然后单击"新建项目"按钮，新建一个名称为"随图片逐个出现的字幕效果"的项目文件。接着新建一个 DV-PAL 制式标准 48kHz 的"序列 01"序列文件。

2）设置静止图片默认持续时间为 4s。方法：选择"编辑 | 首选项 | 常规"命令，在弹出的对话框中将"视频过渡默认持续时间"设置为 25 帧，将"静帧图像默认持续时间"设置为 100 帧。然后在"参数"对话框左侧选择"媒体"，再在右侧将"不确定的媒体时基"设置为 25.00f/s，单击"确定"按钮。

3）导入素材。方法：选择"文件 | 导入"命令，导入配套光盘中的"素材及结果 \ 第 6 章 字幕的应用 \6.1 制作随图片逐个出现的字幕效果 \ 春天 .jpg"、"夏天 .jpg""秋天 .jpg"和"冬天 .jpg"文件，并将导入的素材以列表视图的形式显示，此时"项目"面板如图 6-2 所示。

4）在"项目"面板中，按住〈Ctrl〉键依次选择"春天 .jpg""夏天 .jpg""秋天 .jpg"和"冬天 .jpg"素材，然后将它们拖入"时间线"面板的 V1 轨道中，入点为 00:00:00:00。此时"时间线"面板会按照素材选择的先后顺序将素材依次排列，如图 6-3 所示。

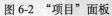

图 6-2 "项目"面板

图 6-3 "时间线"面板

2. 在"春天 .jpg"画面上添加汉字"春"和英文"Spring"的字幕

1）方法：将时间滑块定位在 00:00:00:00 的位置，然后单击"项目"面板下方的■（新建项）按钮，从弹出的下拉菜单中选择"字幕"命令，接着在弹出的"新建字幕"对话框的"名称"文本框中输入"春天字幕"，如图 6-4 所示，单击"确定"按钮，进入"春天字幕"的字幕设计窗口，如图 6-5 所示 。

> 提示：将时间滑块定位在 00:00:00:00 的位置，是为了显示出"春天 .jpg"的背景图片，以便调整文字在图片上的相关位置。

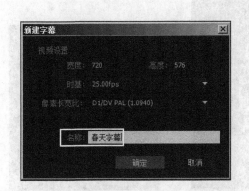

图 6-4　在"名称"文本框中输入"春天字幕"

图 6-5　"春天字幕"的字幕设计窗口

2）在"春天字幕"的字幕设计窗口中，选择"字幕工具"面板中的■（文字工具），在字幕设计窗口右上部单击，然后输入文字"春"，并在右侧"字幕属性"面板的"属性"选项区域中设置字体为"Adobe Arabic"、字体大小为"160"，如图 6-6 所示。

> 提示：选择"字幕工具"面板中的■（选择工具），可以对文字位置进行再次调整。

3）同理，重新选择"字幕"工具面板中的■（文字工具），在"春"字下面单击，然后输入英文"Spring"，并设置字体为"Adobe Arabic"、字体样式为"Bold"、字体大小为"65.0"，如图 6-7 所示。

4）至此，"春天字幕"制作完毕，下面单击字幕设计窗口右上角的■按钮，关闭字幕设计窗口。此时创建的"春天字幕"会自动添加到"项目"面板中，如图 6-8 所示。

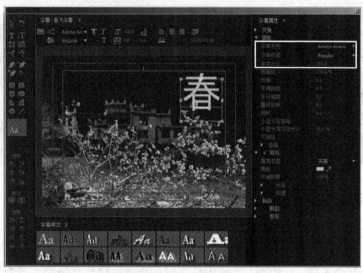

图 6-6　输入文字"春"

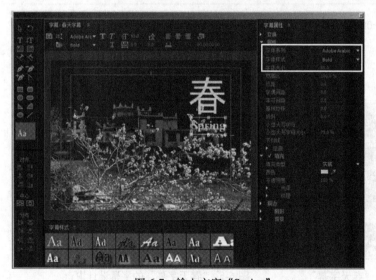

图 6-7　输入文字"Spring"

图 6-8　"项目"面板

5）将"春天字幕"字幕拖入"时间线"面板的 V2 轨道中，入点为 00:00:00:00，如图 6-9 所示。

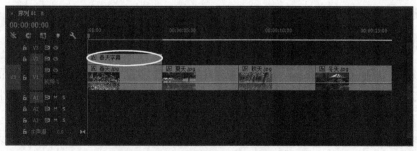

图 6-9　将"春天字幕"拖入 V2 轨道中

3. 创建"夏天字幕""秋天字幕"和"冬天字幕"3 个字幕

1）将时间滑块移到"夏天 .jpg"上,然后双击 V2 轨道中的"春天字幕"素材,进入"春天字幕"的字幕设计窗口,此时视频背景显示为"夏天 .jpg"图片,如图 6-10 所示。

2）单击"春天字幕"的字幕设计窗口左上角的■（基于当前字幕新建字幕）按钮,然后在弹出的"新建字幕"对话框的"名称"文本框中输入"夏天字幕",如图 6-11 所示,单击"确定"按钮,进入"夏天字幕"的字幕设计窗口。

> 提示：在进行字幕制作时,经常会遇到要制作多个风格和版式相同而文字内容不同的字幕,利用"基于当前字幕新建字幕"功能可以在当前字幕内容的基础上进行简单的修改,从而完成新字幕的制作。

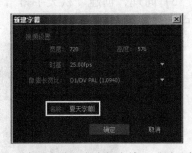

图 6-10　背景显示为"夏天 .jpg"图片　　　　图 6-11　在"名称"文本框中输入"夏天字幕"

3）在"夏天字幕"字幕设计窗口中将"春"改为"夏",将"Spring"改为"Summer",并将文字移到右下方,如图 6-12 所示。

图 6-12　更换"夏天字幕"中文字后的效果

4）单击字幕设计窗口右上角的⊠按钮，关闭字幕设计窗口，此时"项目"面板如图6-13所示。然后将"夏天字幕"拖入"时间线"面板的V2轨道中与"春天字幕"的结尾对齐，如图6-14所示。

图6-13　"项目"面板　　　　　　图6-14　将"夏天字幕"拖入"时间线"面板的V2轨道中

5）同理，创建"秋天字幕"，如图6-15所示。然后将其拖入"时间线"面板的V2轨道中与"夏天字幕"的结尾对齐，如图6-16所示。

图6-15　"秋天字幕"的效果

图6-16　将"秋天字幕"拖入"时间线"面板的V2轨道中

6）同理，创建"冬天字幕"，如图 6-17 所示。然后将其拖入"时间线"面板的 V2 轨道中与"秋天字幕"的结尾对齐，如图 6-18 所示。

图 6-17 "冬天字幕"的效果

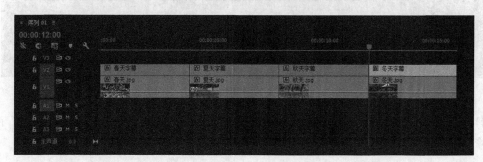

图 6-18 将"冬天字幕"拖入"时间线"面板的 V2 轨道中

4. 创建素材之间的视频过渡

1）同时选择"视频 1"和 V2 轨道，使它们高亮显示。将时间滑块定位在 00:00:04:00 的位置，然后按快捷键〈Ctrl+D〉，此时软件会在该处给"视频 1"和"视频 2"添加一个默认的"交叉叠化"视频过渡效果，如图 6-19 所示。

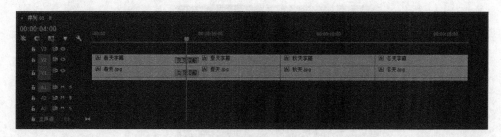

图 6-19 在 00:00:04:00 处给"视频 1"和"视频 2"添加一个默认的"交叉叠化"视频过渡效果

2）在"节目"监视器中单击▶按钮，即可看到 00:00:00:00 ～ 00:00:08:00 之间的视频过渡效果，如图 6-20 所示。

图 6-20　00:00:00:00 ～ 00:00:08:00 之间的视频过渡效果

3）按〈↓〉键，此时时间滑块会自动跳转到 00:00:08:00 的位置，然后按快捷键〈Ctrl+D〉，在此处自动添加一个默认的"交叉叠化"视频过渡效果。接着按〈↓〉键，此时时间滑块会自动跳转到 00:00:12:00 的位置，最后按快捷键〈Ctrl+D〉，在此处自动添加一个默认的"交叉叠化"的视频过渡效果，此时"时间线"面板如图 6-21 所示。

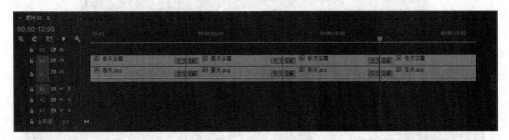

图 6-21　"时间线"面板

4）至此，制作随图片逐个出现的字幕效果制作完毕。选择"文件 | 导出 | 媒体"命令，将其输出为"随图片逐个出现的字幕效果 .avi"文件。

6.2　制作颜色渐变的字幕效果

要点：

本例将制作颜色渐变的字幕效果，如图 6-22 所示。通过本例的学习，读者应掌握颜色渐变字幕的制作方法。

图 6-22　颜色渐变的字幕效果

操作步骤：

1. 制作背景

1）启动 Premiere Pro CC 2015，然后单击"新建项目"按钮，新建一个名称为"颜色渐变的字幕效果"的项目文件。接着新建一个 DV-PAL 制式标准 48kHz 的"序列01"序列文件。

2）导入素材。方法：选择"文件|导入"命令，导入配套光盘中的"素材及结果\第6章 字幕的应用\6.2 制作颜色渐变的字幕效果\背景003.jpg"文件，并将导入的素材以列表视图的形式显示，此时"项目"面板如图6-23所示。

3）将素材放入时间线。方法：将"项目"面板中的"背景003.jpg"素材拖入"时间线"面板的 V1 轨道中，入点为 00:00:00:00，如图6-24所示。

图6-23　"项目"面板

图6-24　将"背景003.jpg"拖入 V1 轨道中

2. 制作字幕

1）单击"项目"面板下方的 ■（新建项）按钮，从弹出的下拉菜单中选择"字幕"命令，然后在弹出的"新建字幕"对话框中保持默认参数，如图6-25所示，单击"确定"按钮，进入"字幕01"的字幕设计窗口，如图6-26所示。

图6-25　"新建字幕"对话框

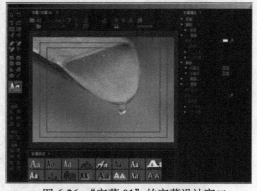

图6-26　"字幕01"的字幕设计窗口

2）输入文字。方法：选择"字幕工具"面板中的 **Ⅱ**（垂直文字工具），然后在"字幕面板"编辑窗口中输入"珍惜每一滴水"6个字，在"字幕属性"面板中设置"字体系列"为"汉仪书魏体简""字体大小"为80.0、"字偶间距"为5.0。接着将"填充"选项区域下的"填充类型"设置为"线性渐变"，再将"色彩"左侧的色标设置为一种黄色——RGB（225，235，55），将右侧的色标设置为一种红色——RGB（255，0，0），效果如图6-27所示。

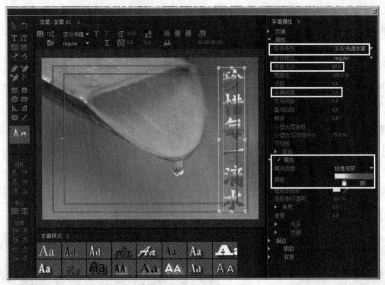

图 6-27　输入文字

3）对文字进行进一步设置。方法：单击"描边"选项区域中"外侧边"右侧的"添加"命令，然后在添加的外侧边中将"类型"设置为"边缘"，将"大小"设置为20.0，接着将"颜色"设置为一种淡黄色（R：255，G：255，B：230）。最后选中"阴影"复选框，将"角度"设置为30.0°、"距离"设置为7.0、"大小"设置为0.0、"扩散"设置为30.0，效果如图 6-28 所示。

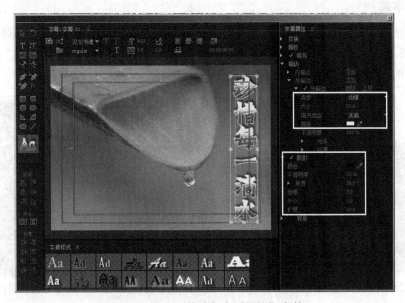

图 6-28　设置"描边"和"阴影"参数

4）单击字幕设计窗口右上角的▣按钮，关闭字幕设计窗口，此时创建的"字幕01"字幕会自动添加到"项目"面板中，如图 6-29 所示。

5）从"项目"面板中将"字幕01"字幕拖入"时间线"面板的V2轨道中，入点为00:00:00:00，此时"时间线"面板如图 6-30 所示，效果如图 6-31 所示。

图 6-29　"项目"面板

图 6-30　"时间线"面板

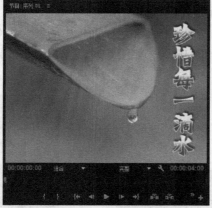

图 6-31　最终效果

6) 至此, 颜色渐变的字幕效果制作完毕。

6.3　制作沿路径弯曲的文字效果

要点:

本例将制作沿路径弯曲的文字效果, 如图 6-32 所示。通过本例的学习, 读者应掌握利用 ![] (垂直路径输入工具) 制作沿路径弯曲的文字的方法。

图 6-32　沿路径弯曲的文字效果

操作步骤：

1. 制作背景

1）启动 Premiere Pro CC 2015，然后单击"新建项目"按钮，新建一个名称为"沿路径弯曲的文字效果"的项目文件。接着新建一个 DV-PAL 制式标准 48kHz 的"序列 01"序列文件。

2）导入素材。方法：选择"文件 | 导入"命令，导入配套光盘中的"素材及结果 \ 第 6 章 字幕的应用 \6.3 制作沿路径弯曲的文字效果 \ 背景 020. jpg"文件，并将导入的素材以列表视图的形式显示，此时"项目"面板如图 6-33 所示。

图 6-33　"项目"面板

3）将素材放入时间线。方法：将"项目"面板中的"背景 020. jpg"素材拖入"时间线"面板的 V1 轨道中，入点为 00:00:00:00，如图 6-34 所示，画面效果如图 6-35 所示。

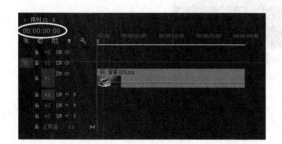

图 6-34　将"背景 020. jpg"拖入 V1 轨道中

图 6-35　画面效果

2. 制作字幕

1）单击"项目"面板下方的■（新建项）按钮，从弹出的快捷菜单中选择"字幕"命令，然后在弹出的"新建字幕"对话框中保持默认设置，如图 6-36 所示，单击"确定"按钮，进入"字幕 01"的字幕设计窗口，如图 6-37 所示。

图 6-36　"新建字幕"对话框

图 6-37 "字幕 01"字幕的设计窗口

2）输入沿路径弯曲的文字。方法：选择"字幕工具"面板中的 ▨ （垂直路径输入工具），然后在"字幕"编辑窗口中绘制一条路径，如图 6-38 所示，接着再次选择 ▨ （垂直路径输入工具），在绘制的路径上单击。此时路径上方会出现一个白色的光标，如图 6-39 所示，此时输入文字"粒粒香浓的咖啡"。最后在"字幕属性"面板中设置"字体系列"为"汉仪水波体简""字体大小"为 35.0、"字偶间距"为 15.0。再将"填充"选项区域下的"色彩"设置为白色（R：255，G：255，B：255），如图 6-40 所示。

图 6-38 绘制一条路径

图 6-39　路径上方出现一个白色的光标

图 6-40　输入文字"粒粒香浓的咖啡"

　　3）对文字进行进一步设置。方法：单击"描边"选项区域中"外侧边"右侧的"添加"命令，然后在添加的外侧边中将"类型"设置为"深度"，将"大小"设置为 20.0，接着将"色彩"设置为一种黑色（R：0，G：0，B：0）。最后选中"阴影"复选框，保持默认的参数，效果如图 6-41 所示。

图 6-41　对文字进行进一步设置后的效果

4）输入垂直排列的文字。方法：选择"字幕工具"面板中的⊥T（垂直文字工具），然后在"字幕"编辑窗口中输入文字"哥伦比亚咖啡"。接着在"字幕属性"面板中设置"字体系列"为"汉仪圆叠体简"、"字体大小"为 55.0、"字偶间距"为 25.0，其余参数设置与文字"粒粒香浓的咖啡"相同，如图 6-42 所示。

图 6-42　输入文字"哥伦比亚咖啡"

5）单击字幕设计窗口右上角的▣按钮，关闭字幕设计窗口，此时创建的"字幕01"字幕会自动添加到"项目"面板中，如图6-43所示。

6）从"项目"面板中将"字幕01"字幕拖入"时间线"面板的V2轨道中，入点为00:00:00:00，此时"时间线"面板如图6-44所示，效果如图6-45所示。

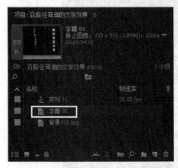

图6-43 "项目"面板

图6-44 "时间线"面板

图6-45 最终效果

7）至此，沿路径弯曲的文字效果制作完毕。

6.4 制作滚动字幕效果

要点：

本例将制作影片中经常看到的滚动字幕效果，如图6-46所示。通过本例的学习，读者应掌握滚动字幕的创建方法。

图6-46 滚动字幕效果

操作步骤：

1. 创建静态字幕

1）启动 Premiere Pro CC 2015，然后单击"新建项目"按钮，新建一个名称为"滚动字幕效果"的项目文件。接着新建一个 DV-PAL 制式标准 48kHz 的"序列 01"序列文件。

2）设置静止图片默认持续时间为 6s。方法：选择"编辑 | 首选项 | 常规"命令，在弹出的对话框中将"静帧图像默认持续时间"设置为 150 帧。然后在"参数"对话框左侧选择"媒体"，再在右侧将"不确定的媒体时基"设置为 25.00f/s，如图 6-47 所示，单击"确定"按钮。

图 6-47　将"不确定的媒体时基"设置为 25.00f/s

3）单击"项目"面板下方的■（新建项）按钮，从弹出的快捷菜单中选择"字幕"命令，然后在弹出的"新建字幕"对话框中保持默认设置，如图 6-48 所示，单击"确定"按钮，进入"字幕 01"字幕的设计窗口，如图 6-49 所示。

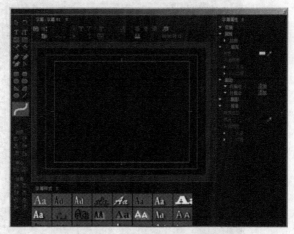

图 6-48　"新建字幕"对话框　　　　　　图 6-49　"字幕 01"字幕的设计窗口

4）打开配套光盘中的"素材及结果 \ 第 6 章 字幕的应用 \6.4 制作滚动字幕效果 \text.txt"

文件。然后按快捷键〈Ctrl+A〉全选文字，再按快捷键〈Ctrl+C〉进行复制。接着回到字幕设计窗口，选择工具箱中的█（文字工具），在字幕设计窗口中单击，最后按快捷键〈Ctrl+V〉进行粘贴，效果如图6-50所示。

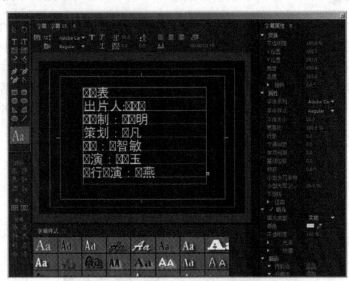

图6-50　粘贴文字后的效果

5）此时字体显示不正确，这是因为当前字体不合适，下面就来解决这个问题。方法：选中所有字体，将字体改为"汉仪中宋简"即可。

6）此时文字间距和大小不合适，下面进行调整。方法：选中所有文字，在右侧"字幕属性"面板中设置"字体大小"为30、"行距"为30、"字偶字距"为15，然后单击左侧工具栏中的█（水平居中）按钮，将所有文字水平居中对齐，如图6-51所示。

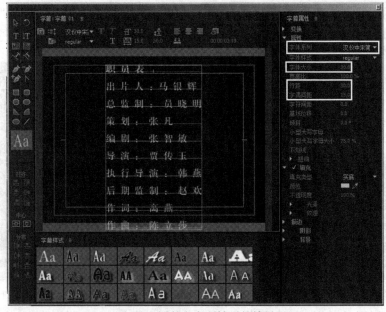

图6-51　调整文字属性后的效果

7）选中首行文字"职员表"，将字体改为"汉仪大宋简""字体大小"改为 50.0，并将文字移动到中间位置，如图 6-52 所示。

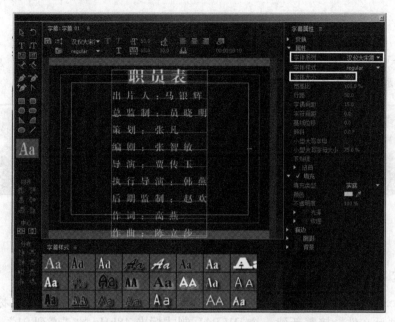

图 6-52　调整"职员表"文字属性后的效果

2. 创建滚动字幕

1）单击字幕设计窗口上方的 （滚动 / 游动选项）按钮，从弹出的"滚动 / 游动选项"对话框中单击"滚动"，并选中"开始于屏幕外"和"结束于屏幕外"复选框，如图 6-53 所示，单击"确定"按钮。

2）单击字幕设计窗口右上角的 按钮，关闭字幕设计窗口，此时创建的"字幕 01"字幕会自动添加到"项目"面板中。

3）从"项目"面板中将"字幕 01"拖入"时间线"面板的 V1 轨道中，入点为 00:00:00:00，如图 6-54 所示。

图 6-53　设置滚动字幕的参数

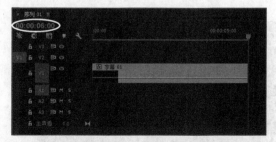

图 6-54　将"字幕 01"拖入 V1 轨道中

4）至此，制作滚动字幕效果制作完毕，选择"文件 | 导出 | 媒体"命令，将其输出为"滚动字幕效果 .avi"文件。

6.5　制作游动字幕效果

 要点：

　　本例将制作竖排从左到右的游动字幕效果，如图 6-55 所示。通过本例的学习，应掌握输入垂直文字、创建游动字幕和字幕样式的方法。

图 6-55　游动字幕效果

操作步骤：

1. 创建静态字幕

　　1）启动 Premiere Pro CC 2015，然后单击"新建项目"按钮，新建一个名称为"游动字幕效果"的项目文件。接着新建一个 DV-PAL 制式标准 48kHz 的"序列 01"序列文件。

　　2）设置静止图片默认持续时间为 6s。方法：选择"编辑 | 首选项 | 常规"命令，在弹出的对话框中将"静帧图像默认持续时间"设置为 150 帧。然后在"参数"对话框左侧选择"媒体"，再在右侧将"不确定的媒体时基"设置为 25.00f/s，单击"确定"按钮。

　　3）导入素材。方法：选择"文件 | 导入"命令，导入配套光盘中的"素材及结果 \ 第 6 章 字幕的应用 \ 6.5 制作游动字幕效果 \ 背景 . jpg"文件。

　　4）将素材放入时间线。方法：将"项目"面板中的"背景 . jpg"素材拖入"时间线"面板的 V1 轨道中，入点为 00:00:00:00，如图 6-56 所示，效果如图 6-57 所示。

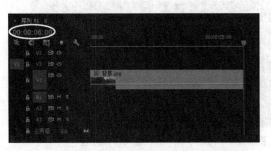

图 6-56　将"背景 . jpg"拖入 V1 轨道中　　　　图 6-57　画面效果

　　5）单击"项目"面板下方的■（新建项）按钮，从弹出的快捷菜单中选择"字幕"命令，

然后在弹出的"新建字幕"对话框中保持默认设置，如图 6-58 所示，单击"确定"按钮，
进入"字幕 01"的字幕设计窗口，如图 6-59 所示。

图 6-58　"新建字幕"对话框　　　　　　　图 6-59　"字幕 01"的字幕设计窗口

6）打开配套光盘中的"素材及结果 \ 第 6 章 字幕的应用 \6.5 制作游动字幕效果 \text.
txt"文件。然后按快捷键〈Ctrl+A〉全选文字，再按快捷键〈Ctrl+C〉进行复制。接着回到
字幕设计窗口，选择工具箱中的 （垂直文字工具），在字幕设计窗口中单击，最后按快捷键
〈Ctrl+V〉进行粘贴，效果如图 6-60 所示。

图 6-60　粘贴文字后的效果

7）此时字体显示不正确，这是因为当前字体不合适。下面选中所有字体，在右侧"字
幕属性"面板中设置"字体"为"汉仪大隶书简""字体大小"为 20.0、"行距"为 25.0、"字偶
字距"为 15.0，然后单击左侧工具栏中的 （垂直居中）和 （水平居中）按钮，效果如
图 6-61 所示。

8）制作文字的阴影效果。方法：选中文字，在右侧"字幕属性"面板中展开"阴影"选项，
然后设置参数，如图 6-62 所示。

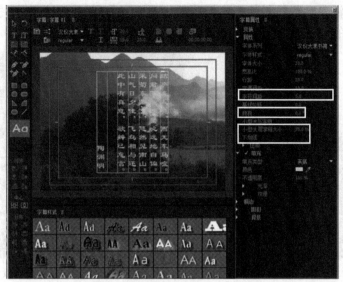

图 6-61　调整字体属性后的效果

图 6-62　添加文字阴影后的效果

9）为了便于今后继续使用这种阴影样式，下面保存该样式。方法：在字幕设计窗口中单击"字幕样式"面板右上角的■按钮，从弹出的下拉菜单中选择"新建样式"命令，然后在弹出的对话框中输入要保存的字幕样式的名称，如图 6-63 所示，单击"确定"按钮，此时该样式就被添加进"字幕样式"面板，如图 6-64 所示。

图 6-63　输入字幕样式的名称

图 6-64　"字幕样式"面板

2. 创建游动字幕

1）单击字幕设计窗口上方的 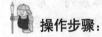（滚动 / 游动选项）按钮，从弹出的"滚动 / 游动选项"对话框中单击"右游动"，并选中"开始于屏幕外"和"结束于屏幕外"复选框，如图 6-65 所示，单击"确定"按钮。

2）单击字幕设计窗口右上角的 ▣ 按钮，关闭字幕设计窗口，此时创建的"字幕 01"字幕会自动添加到"项目"面板中。

3）从"项目"面板中将"字幕 01"拖入"时间线"面板的 V2 轨道中，入点为 00:00:00:00，如图 6-66 所示。

图 6-65　设置游动字幕的参数

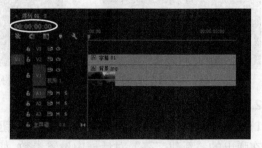

图 6-66　将"字幕 01"拖入 V2 轨道中

4）至此，游动字幕效果制作完毕，选择"文件 | 导出 | 媒体"命令，将其输出为"游动字幕效果 .avi"文件。

6.6　制作逐个出现的字幕效果

 要点：

本例将制作逐个出现的字幕效果，如图 6-67 所示。通过本例的学习，读者应掌握字幕制作和"裁剪"特效的综合应用。

图 6-67　逐个出现的字幕效果

操作步骤：

1. 将素材放入时间线

1）启动 Premiere Pro CC 2015，然后单击"新建项目"按钮，新建一个名称为"逐个出现的字幕效果"的项目文件。接着新建一个 DV-PAL 制式标准 48kHz 的"序列 01"序列文件。

2）导入素材。方法：选择"文件 | 导入"命令，导入配套光盘中的"素材及结果 \ 第 6 章 字幕的应用 \6.6 制作逐个出现的字幕效果 \ 茶 .jpg"文件，并将导入的素材以列表视图的

形式显示，此时"项目"面板如图 6-68 所示。

3）将素材放入时间线。方法：将"项目"面板中的"茶.jpg"素材拖入"时间线"面板的 V1 轨道中，入点为 00:00:00:00，然后将"茶.jpg"素材的持续时间设置为 00:00:03:20，如图 6-69 所示。

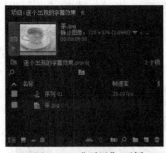
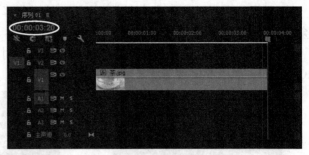

图 6-68　"项目"面板　　　　图 6-69　将"茶.jpg"拖入"时间线"面板的 V1 轨道中

2. 创建"品味人生"字幕

1）单击"项目"面板下方的■（新建项）按钮，从弹出的下拉菜单中选择"字幕"命令，然后在弹出的"新建字幕"对话框中设置参数，如图 6-70 所示，单击"确定"按钮，进入"品味人生"字幕的设计窗口，如图 6-71 所示。

图 6-70　"新建字幕"对话框　　　　图 6-71　"品味人生"字幕的设计窗口

2）输入文字。方法：选择"字幕工具"面板中的■（文字工具），然后在"字幕"面板编辑窗口中输入"品味人生"4 个字，接着在"字幕属性"面板中设置"字体系列"为"汉仪立黑简"、"字体大小"为 100.0、"字偶字距"为 7.0。再将"填充"选项区域下的"色彩"设置为黑色，最后选中"阴影"复选框，并将"阴影"选项区域下的"色彩"设置为白色，将"不透明度"设置为 95%、"角度"设置为 −200.0°、"距离"设置为 0.0、"大小"设置为"30.0"、"扩散"设置为 60.0，如图 6-72 所示。

3）单击"字幕动作"面板中的■按钮，将文字水平居中对齐。

4）单击"字幕设计窗口"右上角的■按钮，关闭字幕设计窗口，此时创建的"品味人生"字幕会自动添加到"项目"面板中，如图 6-73 所示。

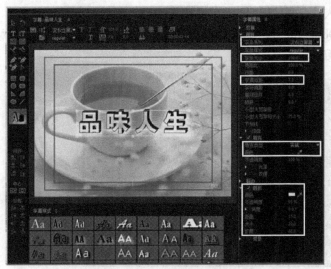

图 6-72 输入文字并设置相关参数　　　　　　　图 6-73 "项目"面板

3. 制作文字"品味人生"逐个出现的效果

1) 从"项目"面板中将"品味人生"字幕拖入"时间线"面板的 V2 轨道中，然后将该素材的持续时间设置为 00:00:03:20，从而与 V1 轨道上的"茶.jpg"素材等长，此时"时间线"面板分布如图 6-74 所示。

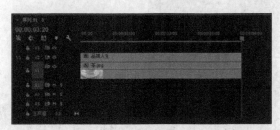

图 6-74 将"品味人生"字幕的持续时间设置为与 V1 轨道上的素材等长

2) 在"效果"面板中展开"视频效果"文件夹，然后选择"变换"中的"裁剪"特效，如图 6-75 所示。接着将其拖入"时间线"面板的 V2 轨道中的"品味人生"素材上，效果如图 6-76 所示。

图 6-75 选择"裁剪"特效　　　　图 6-76 添加"裁剪"特效的初始效果

3）选择 V2 轨道上的"品味人生"素材，然后在"效果控件"面板中展开"裁剪"特效的参数，将时间滑块移动到 00:00:00:00 处，单击"右侧"左边的 按钮，添加一个关键帧，并将数值设置为 89.0%，如图 6-77 所示。

图 6-77　在 00:00:00:00 处给"右侧"添加关键帧，并将数值设置为 89.0%

4）将时间滑块移动到 00:00:00:12 处，然后将"右侧"的数值设置为 66.0%，此时软件会在该处自动添加一个关键帧，如图 6-78 所示。

图 6-78　在 00:00:00:12 处将"右侧"的数值设置为 66.0%

5）将时间滑块移动到 00:00:00:21 处，然后将"右侧"的数值设置为 50.0%，如图 6-79 所示。

图 6-79　在 00:00:00:21 处将"右侧"的数值设置为 50.0%

6）将时间滑块移动到 00:00:01:05 处，然后将"右侧"的数值设置为 35.0%，如图 6-80 所示。

图 6-80　00:00:01:05 处将"右侧"的数值设置为 35.0%

7）将时间滑块移动到 00:00:01:15 处，然后将"右侧"的数值设置为 0.0%，如图 6-81 所示。

图 6-81　在 00:00:01:15 处将"右侧"的数值设置为 0.0%

4. 创建"PINWEIRENSHENG"字幕

1）单击"项目"面板下方的 ■（新建项）按钮，从弹出的下拉菜单中选择"字幕"命令，然后在弹出的"新建字幕"对话框中设置参数，如图 6-82 所示，单击"确定"按钮，进入"PINWEIRENSHENG"字幕的设计窗口，如图 6-83 所示。

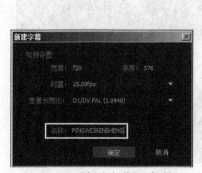

图 6-82　"新建字幕"对话框

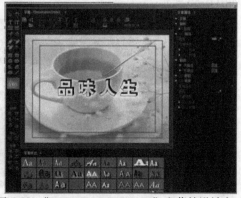

图 6-83　"PINWEIRENSHENG"字幕的设计窗口

2）输入文字。方法：选择"字幕工具"面板中的■（文字工具），然后在"字幕面板"编辑窗口中输入"PINWEIRENSHENG"，接着在"字幕属性"面板中设置"字体系列"为Bodni Bd BT、"字体大小"为49.0。再将"填充"选项区域下的"色彩"设置为橙黄色（R：230，G：115，B：0），最后选中"阴影"复选框，并将"阴影"选项区域下的"色彩"设置为白色，将"不透明度"设置为95%、"角度"设置为0.0°、"距离"设置为0.0、"大小"设置为"30.0"、"扩散"设置为60.0，如图6-84所示。

3）单击"字幕动作"面板中的■按钮，将文字水平居中对齐。

4）单击字幕设计窗口右上角的■按钮，关闭字幕设计窗口，此时创建的"PINWEIRENSHENG"字幕会自动添加到"项目"面板中，如图6-85所示。

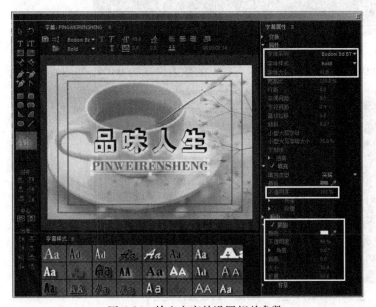

图6-84　输入文字并设置相关参数

图6-85　"项目"面板

5. 制作文字"PINWEIRENSHENG"逐个出现的效果

1）从"项目"面板中将"品味人生"字幕拖入"时间线"面板的V3轨道中，然后将该素材的持续时间设置为00:00:03:20，从而与"视频1"和V2轨道上的素材等长，此时"时间线"面板如图6-86所示。

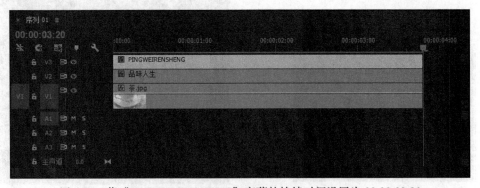

图6-86　将"PINWEIRENSHENG"字幕的持续时间设置为00:00:03:20

2）在"效果"面板中展开"视频效果"文件夹，然后选择"变换"中的"裁剪"特效，将其拖入"时间线"面板的 V3 轨道中的"PINWEIRENSHENG"素材上。

3）选择 V3 轨道上的"PINWEIRENSHENG"素材，然后在"效果控件"面板中展开"裁剪"特效的参数，接着将时间滑块移动到 00:00:00:00 处，单击"右侧"左边的 按钮，添加一个关键帧，并将数值设置为 89.0%，如图 6-87 所示。

图 6-87　在 00:00:00:00 处将"右侧"的数值设置为 89.0%

4）将时间滑块移动到 00:00:00:13 处，然后将"右侧"的数值设置为 74.0%，此时软件会在该处自动添加一个关键帧，如图 6-88 所示。

图 6-88　在 00:00:00:13 处将"右侧"的数值设置为 74.0%

5）将时间滑块移动到 00:00:01:05 处，然后将"右侧"的数值设置为 51.0%，如图 6-89 所示。

6）将时间滑块移动到 00:00:01:20 处，然后将"右侧"的数值设置为 39.0%，如图 6-90 所示。

7）将时间滑块移动到 00:00:02:10 处，然后将"右侧"的数值设置为 0.0%，如图 6-91 所示。

8）至此，逐个出现的字幕效果制作完毕，选择"文件 | 导出 | 媒体"命令，将其输出为"逐个出现的字幕效果 .avi"文件。

图 6-89　在 00:00:01:05 处将 "右侧" 的数值设置为 51.0%

图 6-90　在 00:00:01:20 处将 "右侧" 的数值设置为 39.0%

图 6-91　在 00:00:02:10 处将 "右侧" 的数值设置为 0.0%

6.7 制作沿一定方向运动的图片效果

要点：

本例将制作沿一定方向运动的图片效果，如图 6-92 所示。通过本例的学习，读者应掌握以文件夹的方式导入素材、制作彩色蒙版、通过拖动的方式快速设置"时间线"面板中素材的持续时间、制作字幕、利用关键帧制作图片的位置动画和复制 / 粘贴关键帧参数的方法。

图 6-92　沿一定方向运动的图片效果

操作步骤：

1. 制作图片的运动效果

1) 启动 Premiere Pro CC 2015，然后单击"新建项目"按钮，新建一个名称为"沿一定方向运动的图片效果"的项目文件。接着新建一个 DV-PAL 制式标准 48kHz 的"序列 01"序列文件。

2) 导入素材。方法：选择"文件 | 导入"命令，然后在弹出的"导入"对话框中选择配套光盘中的"素材及结果 \ 第 6 章 字幕的应用 \6.7 制作沿一定方向运动的图片效果 \ 茶"文件夹，如图 6-93 所示，单击"导入文件夹"按钮，导入文件夹。接着将导入的素材以列表视图的形式显示，此时"项目"面板如图 6-94 所示。

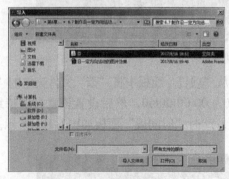 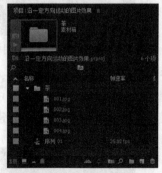

图 6-93　选择"茶"文件夹　　　　　　　图 6-94　"项目"面板

3) 制作蓝色背景。方法：单击"项目"面板下方的 ■（新建项）按钮，然后从弹出的下拉菜单中选择"颜色遮罩"命令，如图 6-95 所示。接着在弹出的"新建颜色遮罩"对话框中保持默认参数，如图 6-96 所示，单击"确定"按钮。再在弹出的"拾色器"对话框中设置一种蓝色(R：0，G：0，B：80)，如图 6-97 所示，单击"确定"按钮，最后在弹出的"选择名称"对话框中输入"蓝色背景"，如图 6-98 所示，单击"确定"按钮，即可完成蓝色背景的创建，此时"项目"面板如图 6-99 所示。

图 6-95　选择"颜色遮罩"命令　　　　图 6-96　"新建颜色遮罩"对话框

图 6-97　设置一种蓝色　　图 6-98　输入"蓝色背景"　　图 6-99　"项目"面板

4）从"项目"面板中将"蓝色背景"拖入"时间线"面板的 V1 轨道中，入点为00:00:00:00，然后设置该素材的持续时间为 18s，此时"时间线"面板如图 6-100 所示。

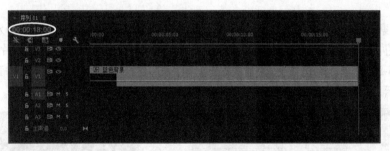

图 6-100　"时间线"面板

5）将"001.jpg"素材放入时间线。方法：从"项目"面板中将"茶"文件夹中的"001.jpg"素材拖入"时间线"面板的 V2 轨道中，入点为 00:00:00:00，然后设置该素材的持续时间也为 18s，使其时间长度与 V1 轨道上的素材等长，此时"时间线"面板如图 6-101 所示。

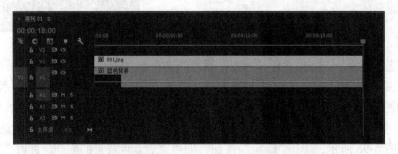

图 6-101　将"001.jpg"素材拖入"时间线"面板

提示：将鼠标放在 V2 轨道的 "001.jpg" 素材结尾处，此时鼠标会变为 ◀ 形状，此时拖动鼠标可以快速将其时间长度设置为与 V1 轨道上的素材等长，如图 6-102 所示。

图 6-102 通过拖动的方式将 V2 轨道上素材的时间长度设置为与 "视频 1" 上的素材等长

6）此时 "001.jpg" 素材的尺寸过大，下面调整该素材的大小。方法：选择 V2 轨道上的 "001.jpg" 素材，然后在 "效果控件" 面板中展开 "运动" 选项，将 "缩放" 设置为 45.0，如图 6-103 所示。

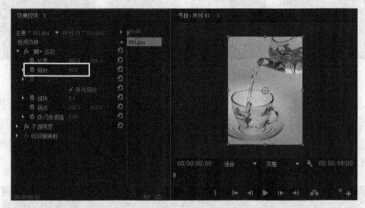

图 6-103 将 "001.jpg" 素材的 "缩放" 设置为 45.0

7）制作 V2 轨道中的 "001.jpg" 素材从左往右运动的效果。方法：选择 V2 轨道上的 "001.jpg" 素材，然后将时间滑块移动到 00:00:00:00 处，接着在 "效果控件" 面板中单击 "位置" 左边的 ⏱ 按钮，添加一个关键帧，并将数值设置为 (-200.0，288.0)，如图 6-104 所示。最后将时间滑块移动到 00:00:06:20 处，将 "位置" 的数值设置为 (880.0，288.0)，此时软件会在 00:00:06:20 处自动添加一个关键帧，如图 6-105 所示。此时在 "节目" 监视器中单击 ▶ 按钮，即可看到 "001.jpg" 素材从左往右运动的效果，如图 6-106 所示。

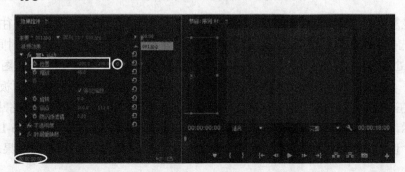

图 6-104 在 00:00:00:00 处添加 "位置" 关键帧，并设置数值为 (-200.0，288.0)

图 6-105　在 00:00:06:20 处添加"位置"关键帧，并设置数值为（880.0，288.0）

图 6-106　"001. jpg"素材从左往右运动的效果

8）将"002. jpg"素材放入时间线。方法：从"项目"面板中将"茶"文件夹中的"002.jpg"素材拖入"时间线"面板的 V3 轨道中，入点为 00:00:02:00，然后通过在"002.jpg"素材结尾处进行拖动的方式将其时间长度设置为与"视频 1"和 V2 轨道上的素材等长，此时"时间线"面板如图 6-107 所示。

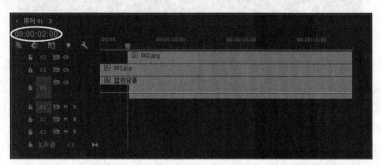

图 6-107　将"002. jpg"素材拖入 V3 轨道中，并设置其时间长度

9）通过复制／粘贴关键帧的方式，制作 V3 轨道中的"002. jpg"素材从左往右运动的效果。方法：选择 V2 轨道上的"001. jpg"素材，然后进入"效果控件"面板，将时间滑块移动到 00:00:00:00 处，右击"运动"参数，接着从弹出的快捷菜单中选择"复制"命令，如图 6-108 所示，复制"运动"参数。再选择 V3 轨道中的"002. jpg"素材，进入"效果控件"面板，最后将时间滑块定位在 00:00:02:00 处，右击"运动"参数，从弹出的快捷菜单中选择"粘贴"命令，如图 6-109 所示，从而将 V2 轨道上的"运动"参数复制到 V3 轨道中，效果如图 6-110 所示。此时在"节目"监视器中单击▶按钮，即可看到"002. jpg"素材从左往右运动的效果，如图 6-111 所示。

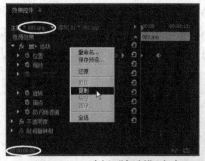
图 6-108 选择"复制"命令

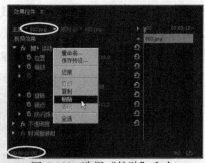
图 6-109 选择"粘贴"命令

图 6-110 粘贴"运动"参数后的效果

图 6-111 "002.jpg"素材从左往右运动的效果

10) 同理,从"项目"面板中将"茶"文件夹中的"003.jpg"素材拖入"时间线"面板的 V3 轨道的上方,此时会自动产生一个 V4 轨道,然后将其入点设置为 00:00:04:00,再通过在 "003.jpg"素材结尾处进行拖动,将其时间长度设置为与其他轨道上的素材等长,此时"时间线"面板如图 6-112 所示。

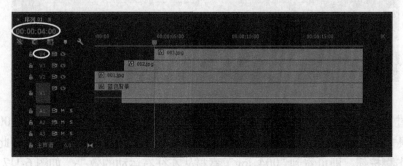
图 6-112 将"003.jpg"素材拖入 V4 轨道中,并设置其时间长度

11) 同理，通过复制/粘贴关键帧的方式，将 V2 轨道中"001. jpg"素材 00:00:00:00 处的"运动"参数粘贴到 V4 轨道中"003. jpg"素材的 00:00:04:00 处，如图 6-113 所示。此时在"节目"监视器中单击▶按钮，即可看到"003. jpg"素材从左往右运动的效果，如图 6-114 所示。

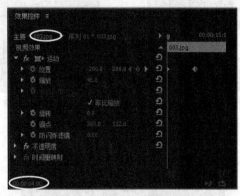

图 6-113　将"001. jpg"素材 00:00:00:00 处的"运动"参数粘贴到"003. jpg"素材的 00:00:04:00 处

图 6-114　"003. jpg"素材从左往右运动的效果

12) 同理，从"项目"面板中将"茶"文件夹中的"004. jpg"素材拖入"时间线"面板的 V4 轨道的上方，此时会自动产生一个 V5 轨道，然后将其入点设置为 00:00:06:00，再通过在"004. jpg"素材结尾处进行拖动，将其时间长度设置为与其他轨道上的素材等长，此时"时间线"面板如图 6-115 所示。

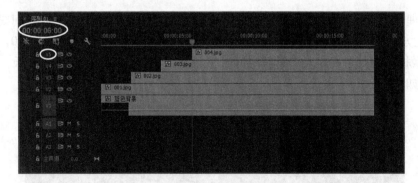

图 6-115　将"004. jpg"素材拖入 V5 轨道中，并设置其时间长度

13) 通过复制/粘贴关键帧的方式，将 V2 轨道中"001. jpg"素材 00:00:00:00 处的"运动"参数粘贴到 V5 轨道中"004. jpg"素材的 00:00:06:00 处，如图 6-116 所示。此时在"节目"监视器中单击▶按钮，即可看到"004. jpg"素材从左往右运动的效果，如图 6-117 所示。

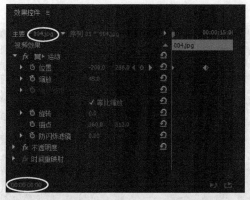

图 6-116　将"001.jpg"素材 00:00:00:00 处的"运动"参数粘贴到"004.jpg"素材的 00:00:06:00 处

图 6-117　"004.jpg"素材从左往右运动的效果

2. 制作"字幕 01"字幕

1）单击"项目"面板下方的■（新建项）按钮，从弹出的下拉菜单中选择"字幕"命令，然后在弹出的"新建字幕"对话框中保持默认设置，如图 6-118 所示，单击"确定"按钮，进入"字幕 01"字幕的设计窗口，如图 6-119 所示。

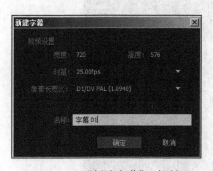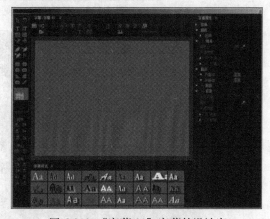

图 6-118　"新建字幕"对话框　　　　图 6-119　"字幕 01"字幕的设计窗口

2）输入文字。方法：选择"字幕工具"面板中的■（路径文字工具），然后在"字幕"编辑窗口中绘制一条路径，如图 6-120 所示，接着再次选择■（路径文字工具）后，在绘制的路径上单击，此时路径上会出现一个白色的光标，如图 6-121 所示，此时输入文字"茶的文化"。最后在"字幕属性"面板中设置"字体系列"为"汉仪行楷简"、"字体大小"为 110.0。再将"填充"选项区域下的"色彩"设置为深绿色（R：5，G：80，B：5），如图 6-122 所示。

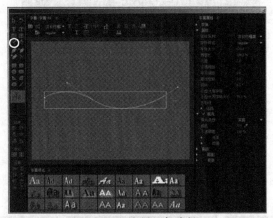

图 6-120 绘制一条路径

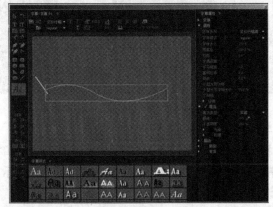

图 6-121 路径上会出现一个白色的光标

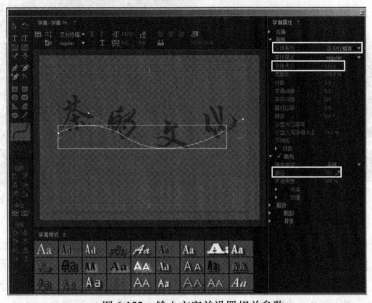

图 6-122 输入文字并设置相关参数

3）在"填充"选项区域下选中"光泽"复选框，然后将"色彩"设置为一种浅绿色（R：150，G：230，B：130），将"大小"设置为100.0。接着在"描边"选项区域中单击"外侧边"右侧的"添加"命令，并将"大小"设置为15.0，将"色彩"设置为一种淡绿色（R：220，G：250，B：200）。最后选中"阴影"复选框，并将"阴影"选项区域下的"色彩"设置为白色，将"不透明度"设置为50%、"角度"设置为 –180.0°、"距离"设置为15.0、"大小"设置为"2.0"、"扩展"设置为20.0，如图 6-123 所示。

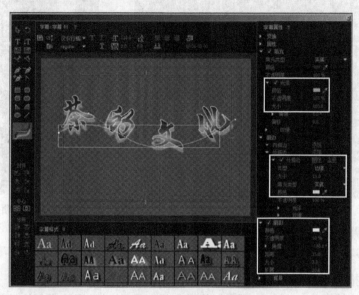

图 6-123　设置文字参数

3. 制作"字幕02"字幕

1）单击"字幕工具"面板属性栏中的▣（基于当前字幕新建字幕）按钮，然后在弹出的"新建字幕"对话框中保持默认设置，如图 6-124 所示，单击"确定"按钮，进入"字幕02"的字幕设计窗口。

2）选择"字幕工具"面板中的●（椭圆工具），在"字幕面板"编辑窗口中绘制一个白色椭圆，然后单击"字幕动作"面板中的▣按钮，将其水平居中对齐，如图 6-125 所示。

图 6-124　"新建字幕"对话框

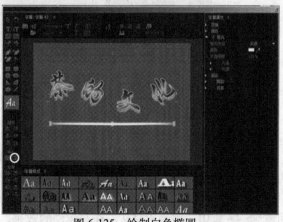

图 6-125　绘制白色椭圆

3）利用"字幕工具"面板中的 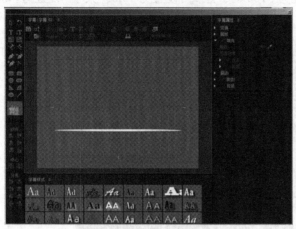（选择工具），选择"字幕"面板编辑窗口中的路径文字，然后按〈Delete〉键进行删除，效果如图 6-126 所示。

4）单击字幕设计窗口右上角的 按钮，关闭字幕设计窗口，此时创建的"字幕 01"和"字幕 02"字幕会自动添加到"项目"面板中，如图 6-127 所示。

图 6-126 删除文字的效果   图 6-127 "项目"面板

4. 制作字幕的运动效果

1）将"字幕 01"字幕素材拖入"时间线"面板。方法：从"项目"面板中将"字幕 01"字幕素材拖入"时间线"面板中 V5 轨道的上方，此时会自动产生一个 V6 轨道，然后将其入点设置为 00:00:08:00，再通过在"字幕 01"素材结尾处进行拖动的方式将其时间长度设置为与其他轨道上的素材等长，此时"时间线"面板如图 6-128 所示。

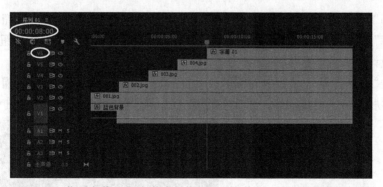

图 6-128 将"字幕 01"字幕素材拖入 V6 轨道中，并设置其时间长度

2）设置"字幕 01"字幕素材从左往右运动的效果。方法：选择 V6 轨道上的"字幕 01"字幕素材，然后将时间滑块移动到 00:00:08:00 处，接着在"效果控件"面板中单击"位置"左边的 按钮，添加一个关键帧，并将数值设置为 (-400.0, 288.0)，如图 6-129 所示。最后将时间滑块移动到 00:00:12:20 处，将"位置"的数值设置为 (360.0, 288.0)，此时软件会在 00:00:12:20 处自动添加一个关键帧，如图 6-130 所示。此时在"节目"监视器中单击 按钮，即可看到"字幕 01"字幕素材从左往右运动的效果，如图 6-131 所示。

图 6-129　在 00:00:08:00 处添加"位置"关键帧　　　图 6-130　在 00:00:12:20 处添加"位置"关键帧

图 6-131　"字幕 01"素材从左往右运动的效果

3）同理，将"字幕 02"字幕素材拖入"时间线"面板的 V7 轨道中，然后将其入点设置为 00:00:12:00，再通过在"字幕 02"字幕素材结尾处进行拖动，将其时间长度设置为与其他轨道上的素材等长，此时"时间线"面板如图 6-132 所示。

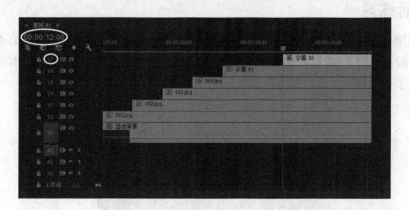

图 6-132　将"字幕 02"字幕素材拖入 V7 轨道中，并设置其时间长度

4）设置"字幕 02"字幕素材从左往右运动的效果。方法：选择 V7 轨道上的"字幕 01"字幕素材，然后将时间滑块移动到 00:00:12:00 处，接着在"效果控件"面板中单击"位置"左边的 按钮，添加一个关键帧，并将数值设置为 (-300.0，288.0)，如图 6-133 所示。最后将时间滑块移动到 00:00:14:00 处，将"位置"的数值设置为 (360.0，288.0)，此时软件会在 00:00:14:00 处自动添加一个关键帧，如图 6-134 所示。此时在"节目"监视器中单击 按钮，即可看到"字幕 02"字幕素材从左往右运动的效果，如图 6-135 所示。

图 6-133　在 00:00:12:00 处添加"位置"关键帧　　图 6-134　在 00:00:14:00 处添加"位置"关键帧

图 6-135　"字幕 02"素材从左往右运动的效果

5）至此，整个沿一定方向运动的图片效果制作完毕，选择"文件 | 导出 | 媒体"命令，将其输出为"沿一定方向运动的图片 .avi"文件。

6.8　课后练习

1）利用配套光盘中的"素材及结果 \ 第 6 章 字幕的应用 \ 课后练习 \ 练习 1\ 背景 003.jpg"图片，制作沿路径弯曲的文字效果，如图 6-136 所示。结果可参考配套光盘中的"素材及结果 \ 第 6 章 字幕的应用 \ 课后练习 \ 练习 1\ 练习 1.prproj"文件。

图 6-136　练习 1 的效果

2）利用配套光盘中的"素材及结果 \ 第 6 章 字幕的应用 \ 课后练习 \ 练习 2\ 荷花 .bmp"图片，制作滚动字幕效果，如图 6-137 所示。结果可参考配套光盘中的"素材及结果 \ 第 6 章 字幕的应用 \ 课后练习 \ 练习 2\ 练习 2.prproj"文件。

图 6-137　练习 2 的效果

3）利用配套光盘中的"素材及结果 \ 第 6 章 字幕的应用 \ 课后练习 \ 练习 3\ 背景 .jpg"图片，制作游动字幕效果，如图 6-138 所示。结果可参考配套光盘中的"素材及结果 \ 第 6 章 字幕的应用 \ 课后练习 \ 练习 3\ 练习 3.prproj"文件。

图 6-138　练习 3 的效果

第 3 部分　综合实例演练

■第 7 章　综合实例

第7章 综合实例

本章重点

通过前面 6 章的学习，读者已经掌握了 Premiere Pro CC 2015 相关的基础知识。本章将综合运用前面 6 章的知识，制作两个综合实例。通过本章的学习，读者应能够独立完成相关的剪辑操作。

7.1 制作伴随着打字声音的打字效果

要点：

本例将利用两种方法来制作影视节目中常见的伴随着打字声音的打字效果，如图 7-1 所示。通过本例的学习，读者应掌握多序列和"裁剪"视频特效，以及添加音频的方法。

图 7-1 伴随着打字声音的打字效果

操作步骤：

1. 制作伴随着打字声音的打字效果方法 1

（1）创建字幕

1）启动 Premiere Pro CC 2015，然后单击"新建项目"按钮，新建一个名称为"伴随着打字声音的打字效果"的项目文件。

2）单击"项目"面板下方的 （新建项）按钮，从弹出的快捷菜单中选择"序列"命令，新建一个 DV-PAL 制式标准 48kHz 的"序列 01"序列文件。然后再次单击"项目"面板下方的 （新建项）按钮，从弹出的快捷菜单中选择"字幕"命令，接着在弹出的"新建字幕"对话框中保持默认设置，如图 7-2 所示，单击"确定"按钮，进入"字幕 01"字幕的设计窗口。

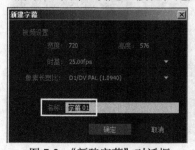

图 7-2 "新建字幕"对话框

3）打开配套光盘中的"素材及结果 \ 第 7 章 综合实例 \7.1 制作伴随着打字声音的打字效果 \ 文字 .txt"文件，如图 7-3 所示。然后按快捷键〈Ctrl+A〉全选文字，再按快捷键〈Ctrl+C〉进行复制。接着回到字幕设计窗口，选择工具箱中的 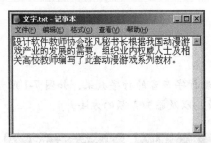（文字工具），在字幕设计窗口中拖出一块文字区域，最后按快捷键〈Ctrl+V〉进行粘贴，效果如图 7-4 所示。

图 7-3　打开"文字 .txt"文件　　　　　图 7-4　粘贴文字后的效果

4）此时字体会出现乱码现象，这是因为字体不正确。下面选中文字，然后在右侧的"字幕属性"面板中设置"字体"为"汉仪大黑简"、"字体大小"为 35、"行距"为 20 即可，接着单击左侧"字幕动作"面板中的 （垂直居中）和 （水平居中）按钮，将文字居中对齐，效果如图 7-5 所示。

5）单击字幕设计窗口右上角的 按钮，关闭字幕设计窗口，此时创建的"字幕 01"字幕会自动添加到"项目"面板中，如图 7-6 所示。

图 7-5　调整文字属性后的效果

图 7-6　"项目"面板

（2）制作第 1 行文字的打字效果

1）从"项目"面板中将"字幕 01"拖入"时间线"面板"序列 01"的 V1 轨道中，入点为 00:00:00:00，出点为 00:00:12:00，如图 7-7 所示。

2）在"效果"面板中展开"视频效果"文件夹，然后选择"变换"中的"裁剪"特效，如图 7-8 所示。接着将其拖入"时间线"面板 V1 轨道中的"字幕 01"素材上。

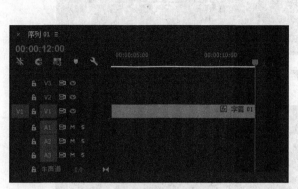

图 7-7　"时间线"面板

图 7-8　选择"裁剪"特效

3）制作只显示第 1 行文字的效果。方法：选择 V1 轨道中的"字幕 01"字幕素材，然后在"效果控件"面板中将"裁剪"特效的"底部"数值设置为 60.0%，如图 7-9 所示。

图 7-9　将"裁剪"特效的"底部"数值设置为 60.0% 的效果

4）制作第 1 行文字逐个出现的效果。方法：从"效果"面板中将"裁剪"特效再次拖到"时间线"面板的"字幕 01"素材上，从而给它添加第 2 个"裁剪"特效。然后将时间滑块移动到 00:00:00:00 的位置，在"效果控件"面板中单击第 2 个"裁剪"特效"右侧"前面的 ■ 按钮，插入关键帧，并将数值设置为 90%，如图 7-10 所示。接着将时间滑块移动到 00:00:03:00 的位置，将"右侧"的数值设置为 9.0%，如图 7-11 所示。

5）在"节目"监视器上单击 ▶ 按钮，即可看到第 1 行文字逐个出现的效果，如图 7-12 所示。

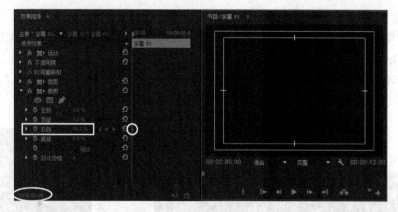

图 7-10 在 00:00:00:00 的位置插入"右侧"的关键帧,并将数值设置为 90.0%

图 7-11 在 00:00:03:00 的位置将"右侧"的数值设置为 9.0%

图 7-12 第 1 行文字逐个出现的效果

(3)制作第 2 行文字的打字效果

1)从"项目"面板中将"字幕 01"拖入"时间线"面板的 V2 轨道中,入点为 00:00:03:00,出点为 00:00:12:00(即与"视频 1"中的"字幕 01"素材结尾对齐),如图 7-13 所示。

2)将 V1 轨道中的"字幕 01"字幕素材的两个"裁剪"特效复制给 V2 轨道中的"字幕 01"字幕素材。方法:选中 V1 轨道中的"字幕 01"字幕素材,然后在"效果控件"面板中选择两个"裁剪"特效,按快捷键〈Ctrl+C〉进行复制。接着激活 V2 轨道,使之高亮显示,再选择 V2 轨道中的"字幕 01"素材,将时间滑块定位在 00:00:03:00 的位置,在"效果控件"

面板中按快捷键〈Ctrl+V〉进行粘贴。最后修改粘贴后的第 1 个"裁剪"参数，将"顶部"的数值设置为 40.0%，将"底部"的数值设置为 52.0%，如图 7-14 所示。

图 7-13　将"字幕 01"拖入 V2 轨道中

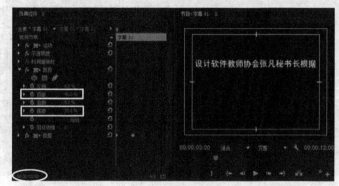

图 7-14　修改第 1 个"裁剪"特效的"顶部"和"底部"参数

3）在"节目"监视器上单击▶按钮，即可看到第 2 行文字逐个出现的效果，如图 7-15 所示。

 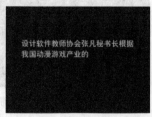 

图 7-15　第 2 行文字逐个出现的效果

（4）制作第 3 行文字的打字效果

1）从"项目"面板中将"字幕 01"拖入"时间线"面板的 V3 轨道中，入点为 00:00:06:00，出点也为 00:00:12:00（即与"视频 1"中的"字幕 01"素材结尾对齐），如图 7-16 所示。

2）激活 V3 轨道，使之高亮显示，再选择 V3 轨道中的"字幕 01"素材，将时间滑块定位在 00:00:06:00 的位置，在"效果控件"面板中按快捷键〈Ctrl+V〉进行粘贴。最后修改粘贴后的第 1 个"裁剪"参数，将"顶部"的数值设置为 49.0%，将"底部"的数值设置为 42.0%，如图 7-17 所示。

3）在"节目"监视器上单击▶按钮，即可看到第 3 行文字逐个出现的效果，如图 7-18 所示。

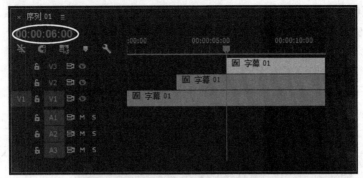

图7-16　将"字幕01"拖入V3轨道中

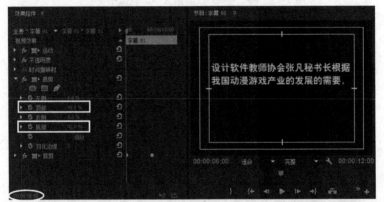

图7-17　修改第1个"裁剪"特效的"顶部"和"底部"参数

 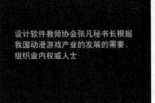 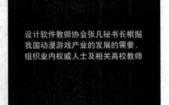

图7-18　第3行文字逐个出现的效果

（5）制作第4行文字的打字效果

1）从"项目"面板中将"字幕01"拖入"时间线"面板的"V3"的上方，此时会自动产生一个V4轨道，然后将拖入该轨道的"字幕01"的入点设置为00:00:09:00，出点也为00:00:12:00（即与"视频1"中的"字幕01"素材结尾对齐），如图7-19所示。

2）激活V4轨道，使之高亮显示，再选择V4轨道中的"字幕01"素材，将时间滑块定位在00:00:09:00的位置，在"效果控件"面板中按快捷键〈Ctrl+V〉进行粘贴。最后修改粘贴后的第1个"裁剪"参数，将"顶部"的数值设置为58.0%，将"底部"的数值设置为0.0%，如图7-20所示。

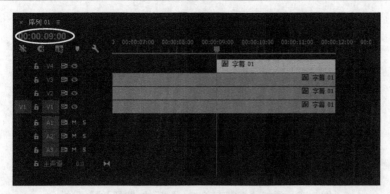

图 7-19　将"字幕 01"拖入 V4 轨道中

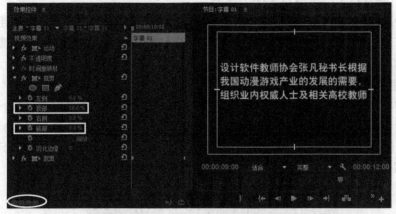

图 7-20　修改第 1 个"裁剪"特效的"顶部"和"底部"参数

3）在"节目"监视器上单击▶按钮，即可看到第 4 行文字逐个出现的效果，如图 7-21 所示。

图 7-21　第 4 行文字逐个出现的效果

（6）添加打字声音

1）选择"文件|导入"命令，导入配套光盘中的"素材及结果\第 7 章 综合实例\7.1 制作伴随着打字声音的打字效果\打字声音 .wav"文件。

2）从"项目"面板中将导入的"打字声音 .wav"拖入时间线"A1"轨道上，入点为 00:00:00:00，如图 7-22 所示。

3）至此，整个伴随着打字声音的打字效果制作完毕，选择"文件|导出|媒体"命令，将其输出为"伴随着打字声音的打字效果 1.avi"文件。

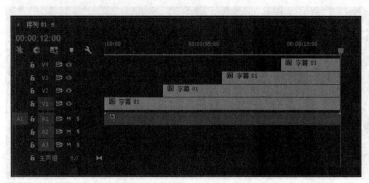

图 7-22 添加"打字声音 .wav"后的"时间线"面板

2. 制作伴随着打字声音的打字效果方法 2

上面这种方法使用了 4 个轨道,如果遇到文字的行数较多,制作起来占用的轨道数会很多,这样不是很方便。此时可以采用下面这种只使用两个轨道的打字效果的制作方法,具体制作步骤如下:

(1)创建"序列 02"

1)单击"项目"面板下方的 ■(新建项)按钮,从弹出的快捷菜单中选择"序列"命令,如图 7-23 所示。

2)在弹出的"新建序列"对话框中设置参数,如图 7-24 所示,单击"确定"按钮,进入"序列 02"的编辑状态,此时"项目"面板如图 7-25 所示。

图 7-23 选择"序列"命令   图 7-24 设置"序列 02"的参数   图 7-25 "项目"面板

(2)制作第 1 行文字的打字效果

1)从"项目"面板中将"字幕 01"拖入"时间线"面板"序列 02"的 V1 轨道中,入点为 00:00:00:00,出点为 00:00:03:00,如图 7-26 所示。

2)在"效果"面板中展开"视频效果"文件夹,然后选择"变换"中的"裁剪"特效,如图 7-27 所示。接着将其拖入"时间线"面板 V1 轨道中的"字幕 01"素材上。

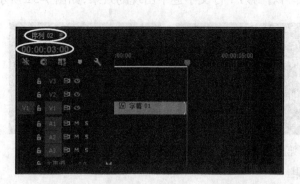

图 7-26　将"字幕 01"拖入 V1 轨道中

图 7-27　选择"裁剪"特效

3）制作只显示第 1 行文字的效果。方法：选择 V1 轨道中的"字幕 01"字幕素材，然后在"效果控件"面板中将"裁剪"特效的"底部"数值设置为 60.0%，如图 7-28 所示。

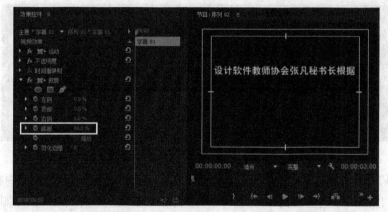

图 7-28　将"裁剪"特效的"底部"数值设置为 60.0% 的效果

4）制作第 1 行文字逐个出现的效果。方法：从"效果"面板中将"裁剪"特效再次拖到"时间线"面板的"字幕 01"素材上，从而给它添加第 2 个"裁剪"特效。然后将时间滑块移动到 00:00:00:00 的位置，在"效果控件"面板中单击第 2 个"裁剪"特效中"右侧"前面的■按钮，插入关键帧，并将数值设置为 90%，如图 7-29 所示。接着将时间滑块移动到 00:00:03:00 的位置，将"右侧"的数值设置为 9.0%，如图 7-30 所示。

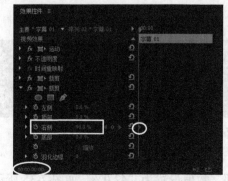

图 7-29　在 00:00:00:00 位置设置"右侧"的关键帧

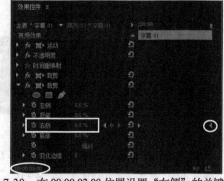

图 7-30　在 00:00:03:00 位置设置"右侧"的关键帧

5）在"节目"监视器上单击▶按钮，即可看到第1行文字逐个出现的效果，如图7-31所示。

图7-31　第1行文字逐个出现的效果

（3）制作第2～4行文字的打字效果

1）选中"时间线"面板V1轨道中的"字幕01"素材，然后按快捷键〈Ctrl+C〉进行复制，接着依次在00:00:03:00、00:00:06:00和00:00:09:00处，按快捷键〈Ctrl+V〉进行粘贴，如图7-32所示。

图7-32　粘贴"字幕01"素材后的"时间线"面板

2）选中V1轨道中的第2段"字幕01"素材，然后在"效果控件"面板中将第1个"裁剪"特效的"顶部"数值设置为"40.0%"，将"底部"数值设置为"52.0%"，如图7-33所示，从而只显示出第2行文字。接着在"节目"监视器上单击▶按钮，即可看到第2行文字逐个出现的效果，如图7-34所示。

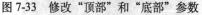

图7-33　修改"顶部"和"底部"参数　　　　图7-34　第2行文字逐个出现的效果

3）选中V1轨道中的第3段"字幕01"素材，在"效果控件"面板中，将第1个"裁剪"特效的"顶部"数值设置为"49.0%"，将"底部"数值设置为"42.0%"，如图7-35所示，从而只显示出第 3 行文字。接着在"节目"监视器上单击▶按钮，即可看到第 3 行文字逐个出现的效果，如图 7-36 所示。

图 7-35　修改"顶部"和"底部"参数　　　　　图 7-36　第 3 行文字逐个出现的效果

4）选中 V1 轨道中的第 4 段"字幕 01"素材，然后在"效果控件"面板中将第 1 个"裁剪"特效的"顶部"数值设置为"58.0%"，将"底部"数值设置为"0.0%"，如图 7-37 所示，从而只显示出第 4 行文字。接着在"节目"监视器上单击▶按钮，即可看到第 4 行文字逐个出现的效果，如图 7-38 所示。

图 7-37　修改"顶部"和"底部"参数　　　　　图 7-38　第 4 行文字逐个出现的效果

（4）制作打过的文字不消失的效果

此时文字换入下一行后，前面的文字便消失了，这是不正常的，下面就来解决这个问题。具体步骤如下：

1）选中 V1 轨道中的第 1 段"字幕 01"素材，按快捷键〈Ctrl+C〉进行复制，然后选中 V2 轨道使其高亮显示，接着将时间滑块移动到 00:00:03:00 的位置，按快捷键〈Ctrl+V〉进行粘贴，如图 7-39 所示。最后选中粘贴后的素材，在"效果控件"面板中将第 2 个"裁剪"特效删除。此时在"节目"监视器上单击▶按钮，即可看到，在第 1 行文字不消失的情况下，第 2 行文字逐个出现的效果，如图 7-40 所示。

2）选中 V1 轨道上的第 2 段素材，按快捷键〈Ctrl+C〉进行复制，然后选中"视频 2"使其高亮显示，接着将时间滑块移动到 00:00:06:00 的位置，按快捷键〈Ctrl+V〉进行粘贴，如图 7-41 所示。最后选中粘贴后的素材，在"效果控件"面板中将第 2 个"裁剪"特效删除，并将第1个"裁剪"特效中的"顶部"数值设置为0.0%、"底部"数值设置为52.0%，如图7-42所示。此时在"节目"监视器上单击▶按钮，即可看到，在第1、2行文字不消失的情况下，第3行文字逐个出现的效果，如图7-43所示。

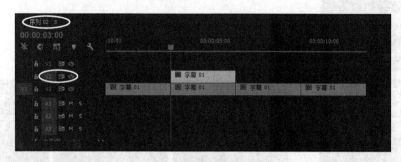

图7-39　在"视频2"00:00:03:00的位置粘贴"字幕01"素材后的"时间线"面板

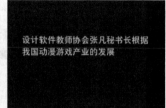

图7-40　在第1行文字不消失的情况下，第2行文字逐个出现的效果

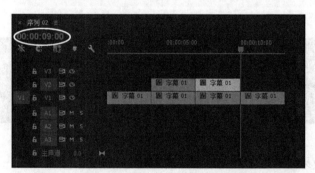

图7-41　在00:00:06:00的位置粘贴"字幕01"素材　　　图7-42　修改"顶部"和"底部"参数

图7-43　在第1、2行文字不消失的情况下，第3行文字逐个出现的效果

3）选中V1轨道上的第3段"字幕01"素材，按快捷键〈Ctrl+C〉进行复制，然后选中"视频2"使其高亮显示，接着将时间滑块移动到00:00:09:00的位置，按快捷键〈Ctrl+V〉

进行粘贴,如图 7-44 所示。最后选中粘贴后的素材,在"效果控件"面板中将第 2 个"裁剪"特效删除,并将第 1 个"裁剪"特效中的"顶部"数值设置为 0.0%、"底部"数值设置为 42.0%,如图 7-45 所示。此时在"节目"监视器上单击▶按钮,即可看到,在第 1 ~ 3 行文字不消失的情况下,第 4 行文字逐个出现的效果,如图 7-46 所示。

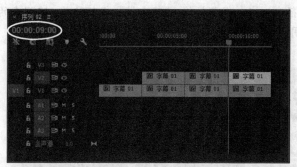

图 7-44　在 00:00:09:00 的位置粘贴"字幕 01"素材

图 7-45　修改"顶部"和"底部"参数

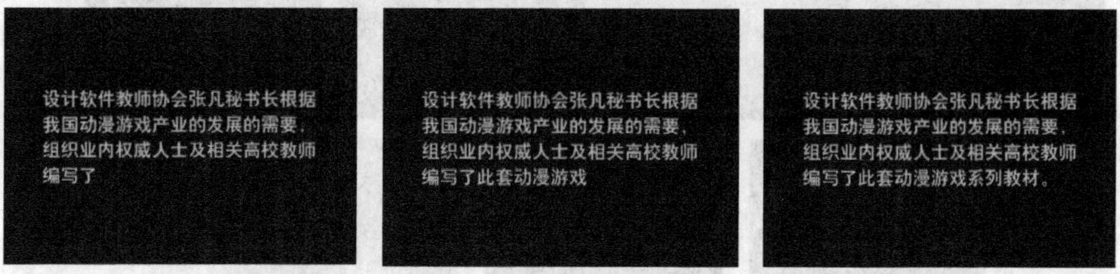

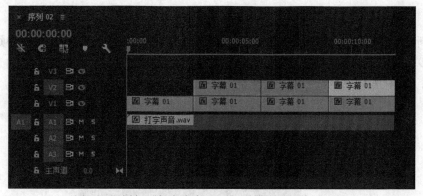

图 7-46　在第 1~3 行文字不消失的情况下,第 4 行文字逐个出现的效果

(5) 添加打字声音

1) 从"项目"面板中将导入的"打字声音 .wav"拖入"时间线"面板的"A1"轨道上,入点为 00:00:00:00,如图 7-47 所示。

图 7-47　添加"打字声音 .wav"后的"时间线"面板

2) 至此,整个伴随着打字声音的打字效果制作完毕,选择"文件 | 导出 | 媒体"命令,将其输出为"伴随着打字声音的打字效果 2.avi"文件。

7.2 制作配乐唐诗效果

 要点：

本例将制作静态图片产生镜头拉伸和文字遮罩的动画效果，如图7-48所示。通过本例的学习，读者应掌握设置图像默认持续时间、"径向划变"视频切换、"颜色键"视频特效、透明度的变化、黑场视频和通用倒计时片头的综合应用。

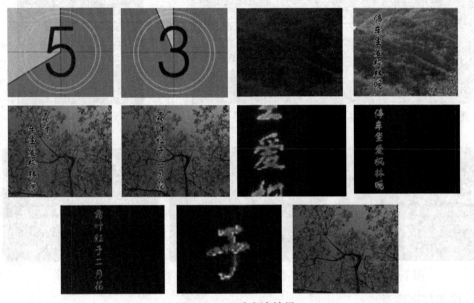

图 7-48　配乐唐诗效果

操作步骤：

1. 编辑图片素材

1）新建项目文件。方法：启动 Premiere Pro CC 2015，然后单击"新建项目"按钮，如图7-49所示。接着在弹出的"新建项目"对话框的"名称"文本框中输入"配乐唐诗效果"，如图7-50所示，单击"确定"按钮。

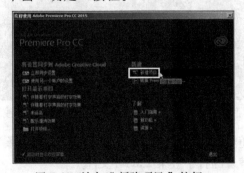

图 7-49　单击"新建项目"按钮

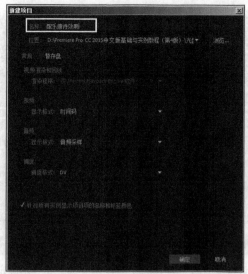

图 7-50　输入名称

2）新建"序列 01"序列文件。方法：单击"项目"面板下方的■（新建项）按钮，从弹出的快捷菜单中选择"序列"命令，然后在弹出的"新建序列"对话框中设置参数，如图 7-51 所示，单击"确定"按钮。

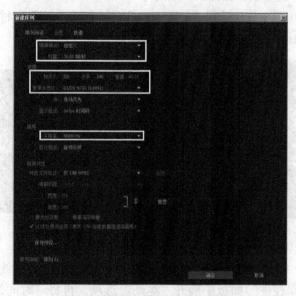

图 7-51　设置"新建序列"参数

3）为了便于下面的操作，将静态图片默认长度设为 5s。方法：选择"编辑 | 首选项 | 常规"命令，在弹出的对话框中设置"静帧图像默认持续时间"为 150 帧，如图 7-52 所示。然后在"参数"对话框左侧选择"媒体"，再在右侧将"不确定的媒体时基"设置为 30.00f/s，如图 7-53 所示，单击"确定"按钮。

图 7-52　设置"静帧图像默认持续时间"为 150 帧　　图 7-53　将"不确定的媒体时基"设置为 30.00f/s

　　4）导入素材图片。方法：选择"文件 | 导入"命令，在弹出的对话框中选择配套光盘中的"素材及结果 \ 第 7 章 综合实例 \7.2 制作配乐唐诗效果 \ 红叶 1.jpg""红叶 2.jpg""文字 1.jpg"和"文字 2.jpg"文件，单击"打开"按钮，将其导入"项目"面板，并将导入的素材以列表视图的形式显示，如图 7-54 所示。

　　5）在"项目"面板中依次选择"红叶 1.jpg"和"红叶 2.jpg"素材，然后将它们拖入"时间线"面板的 V1 轨道中，入点为 00:00:00:00，如图 7-55 所示。

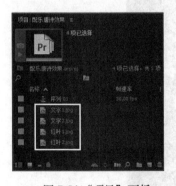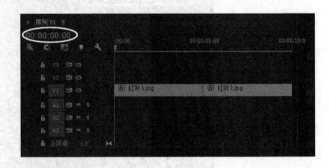

图 7-54　"项目"面板　　　　图 7-55　将"红叶 1.jpg"和"红叶 2.jpg"素材拖入"时间线"面板

　　6）制作"红叶 1.jpg"素材的镜头拉伸效果。方法：选择"时间线"面板中"红叶 1.jpg"素材，然后在"效果控件"面板中展开"运动"选项。再将"时间线"面板中的时间滑块移动到 00:00:00:00 的位置，单击"缩放"选项前的 按钮，在此处添加一个关键帧，如图 7-56 所示。接着将"时间线"面板中的时间滑块移动到 00:00:05:00 的位置，单击 按钮，添加一个新的"缩放"关键帧，并将数值设置为 90.0，如图 7-57 所示。

图 7-56　在 00:00:00:00 处添加"缩放"关键帧　　　图 7-57　在 00:00:05:00 处设置"缩放"参数

7) 在"节目"监视器中单击 ▶ 按钮，即可看到"红叶 1.jpg"素材镜头拉伸效果，如图 7-58 所示。

a)　　　　　　　　　　　　　b)

图 7-58　"红叶 1.jpg"素材镜头拉伸效果
a) 镜头拉伸前　b) 镜头拉伸后

8) 制作"红叶 2.jpg"素材的镜头拉伸效果。方法：选择"时间线"面板中的"红叶 2.jpg"素材，然后在"效果控件"面板中展开"运动"选项。再将"时间线"面板移动到 00:00:05:00 的位置，单击"缩放"选项前的 ◎ 按钮，在此处添加一个关键帧，如图 7-59 所示。接着将"时间线"面板中的时间滑块移动到 00:00:10:00 的位置，单击 ◇ 按钮，添加一个新的"缩放"关键帧，并将数值设置为 90.0，如图 7-60 所示。最后在"节目"监视器中单击 ▶ 按钮，即可看到"红叶 2.jpg"素材镜头拉伸效果，如图 7-61 所示。

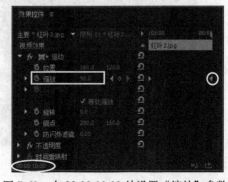

图 7-59　在 00:00:05:00 处添加"缩放"关键帧　　　图 7-60　在 00:00:10:00 处设置"缩放"参数

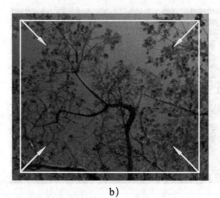

a)   b)

图 7-61   "红叶 2.jpg" 素材镜头拉伸效果
a）镜头拉伸前   b）镜头拉伸后

9）重新设置"红叶 1.jpg"素材的持续时间为 10s。方法：从"项目"面板中再次将"红叶 1.jpg"拖入"时间线"面板的 V1 轨道中，入点为 00:00:10:00，然后右击该素材，从弹出的快捷菜单中选择"速度 / 持续时间"命令。接着在弹出的对话框中设置相关参数，如图 7-62 所示，单击"确定"按钮，此时"时间线"面板如图 7-63 所示。

图 7-62   设置"红叶 1.jpg"的持续时间   图 7-63   "时间线"面板 1

10）重新设置"红叶 2.jpg"素材的持续时间为 10s。方法：在"项目"面板中再次将"红叶 2.jpg"拖入"时间线"面板的 V1 轨道中，入点为 00:00:20:00，并将该素材的"速度 / 持续时间"设为 10s，此时"时间线"面板如图 7-64 所示。

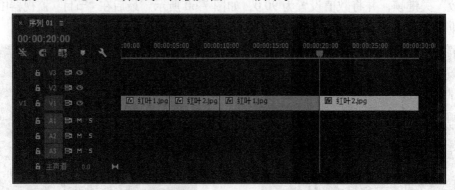

图 7-64   "时间线"面板 2

2. 添加文字切换效果

1）分层导入图像。方法：选择"文件 | 导入"命令，在弹出的对话框中选择配套光盘中的"素材及结果 \ 第 7 章 综合实例 \7.2 制作配乐唐诗效果 \ 分层文字 .psd"文件，如图 7-65 所示，单击"打开"按钮，然后在弹出的"导入分层文件：分层文字"对话框中设置相关参数，如图 7-66 所示，单击"确定"按钮，将其导入"项目"面板，如图 7-67 所示。

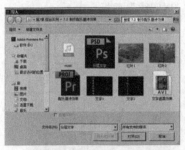
图 7-65 选择"分层文字 .psd"文件

图 7-66 设置导入参数

图 7-67 "项目"面板

2）添加"图层 1/ 分层文字 .psd"的视频切换。方法：将"图层 1/ 分层文字 .psd"拖入"时间线"面板的 V2 轨道中，入点为 00:00:00:00。然后在"效果"面板中展开"视频过渡"文件夹，选择"擦除"中的"径向擦除"视频切换，如图 7-68 所示。接着将其拖入"时间线"面板 V2 轨道中的"图层 1/ 分层文字 .psd"的开始位置，如图 7-69 所示。

3）设定"图层 1/ 分层文字 .psd"视频的切换时间。方法：双击 V2 轨道中的"图层 1/ 分层文字 .psd"素材上的"径向擦除"视频切换，然后在弹出的"设置过渡持续时间"对话框中将"持续时间"设为 00:00:03:00，如图 7-70 所示，单击"确定"按钮。此时"时间线"面板如图 7-71 所示。接着在"节目"监视器中单击▶按钮，即可看到"图层 1/ 分层文字 .psd"素材的视频过渡效果，如图 7-72 所示。

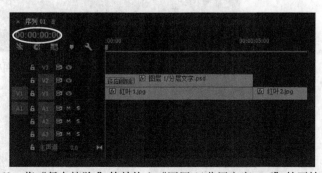

图 7-68 选择"径向擦除"　　图 7-69 将"径向擦除"特效拖入"图层 1/ 分层文字 .psd"的开始位置

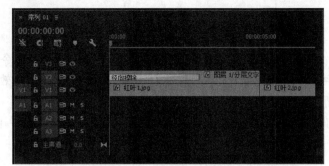

图 7-70 设置"径向擦除"的持续时间 　　　　　　　　图 7-71 "时间线"面板

图 7-72 "图层 1/ 分层文字 .psd"素材的视频过渡效果

4）添加"图层 2/ 分层文字 .psd"的视频切换和设置切换特效持续时间。方法：将"图层 2/ 分层文字 .psd"拖入"时间线"面板的 V2 轨道中，入点为 00:00:05:00。然后将"效果"面板"视频过渡"文件夹中"擦除"文件夹内的"径向擦除"视频切换，拖入"时间线"面板 V2 轨道中的"图层 2/ 分层文字 .psd"的开始位置。接着双击新添加的 V2 轨道中的"径向擦除"视频切换，在弹出的"设置过渡持续时间"对话框中，将"持续时间"设为 00:00:03:00，此时"时间线"面板如图 7-73 所示。最后在"节目"监视器中单击▶按钮，即可看到"图层 2/ 分层文字 .psd"素材的视频过渡效果，如图 7-74 所示。

图 7-73 "时间线"面板

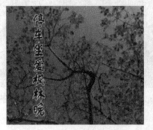

图 7-74 "图层 2/ 分层文字 .psd"素材的视频过渡效果

3. 添加文字遮罩效果

1）从"项目"面板中将"文字 1.jpg"拖入"时间线"面板的 V2 轨道中，入点为 00:00:10:00。然后将该素材的持续时间设置为 00:00:10:00，此时"时间线"面板如图 7-75 所示，效果如图 7-76 所示。

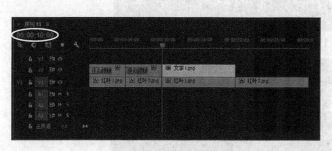

图 7-75　"时间线"面板　　　　　　　　图 7-76　"文字 1.jpg"的画面效果

2）制作"文字 1.jpg"素材的遮罩。方法：在"效果"面板中展开"视频效果"文件夹，然后选择"键控"中的"颜色键"特效，如图 7-77 所示。接着将其拖入"时间线"面板中的"文字 1.jpg"上。最后进入"效果控件"面板，将"颜色键"的"主要颜色"设置为白色，如图 7-78 所示。

图 7-77　选择"颜色键"特效　　　图 7-78　将"颜色键"的"主要颜色"设置为白色的效果

3）制作"文字 1.jpg"素材由大变小、飞入画面的效果。方法：在"时间线"面板中选择"文字 1.jpg"素材，然后在"效果控件"面板中将时间滑块移动到 00:00:11:00 的位置。再分别单击"位置"和"缩放"前面的 ⬚ 按钮，在此处添加关键帧，并修改参数，如图 7-79 所示。接着将时间滑块移动到 00:00:18:00 的位置，分别修改"位置"和"缩放"的参数，如图 7-80 所示。最后在"节目"监视器中单击 ▶ 按钮，即可看到"文字 1.jpg"素材由大变小、飞入画面的效果，如图 7-81 所示。

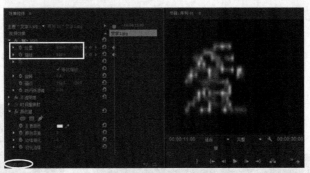

图 7-79　在 00:00:11:00 处设置"位置"和"缩放"的关键帧

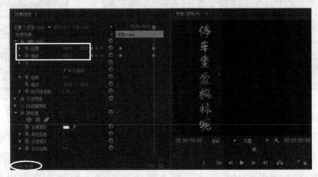

图 7-80　在 00:00:18:00 处设置"位置"和"缩放"的关键帧

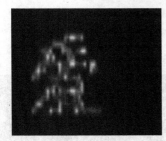  

图 7-81　"文字 1.jpg"素材由大变小、飞入画面的效果

4）从"项目"面板中将"文字 2.jpg"拖入"时间线"面板的 V2 轨道中，入点为 00:00:20:00。然后将该素材的持续时间设置为 00:00:10:00，此时"时间线"面板如图 7-82 所示，效果如图 7-83 所示。

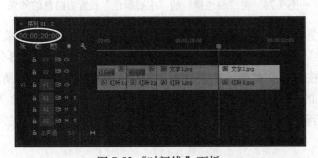

图 7-82　"时间线"面板

图 7-83　"文字 2.jpg"的画面效果

5）制作"文字 2.jpg"素材的遮罩。方法：在"效果"面板中展开"视频效果"文件夹，然后选择"键控"中的"颜色键"特效。接着将其拖入"时间线"面板中的"文字 2.jpg"上。最后进入"效果控件"面板，将"颜色键"的"主要颜色"设置为白色，如图 7-84 所示。

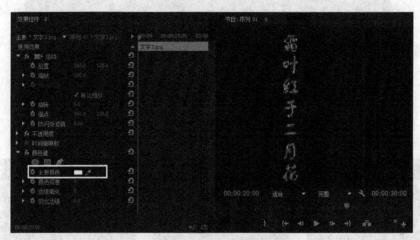

图 7-84　对"文字 2.jpg"素材遮罩后的效果

6）制作"文字 2.jpg"素材由小变大、飞出画面的效果。方法：在"时间线"面板中选择"文字 2.jpg"素材，然后在"效果控件"面板中将时间滑块移动到 00:00:22:00 的位置。再分别单击"位置"和"缩放"前面的 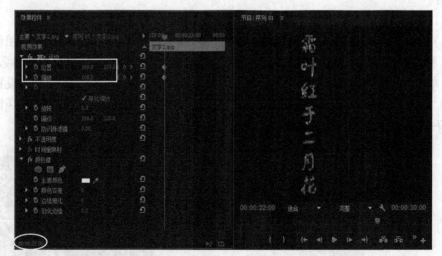 按钮，在此处添加关键帧，并修改参数，如图 7-85 所示。接着将时间滑块移动到 00:00:29:00 的位置，分别修改"位置"和"缩放"的参数，如图 7-86 所示。最后在"节目"监视器中单击 ▶ 按钮，即可看到"文字 2.jpg"素材由小变大、飞出画面的效果，如图 7-87 所示。

图 7-85　在 00:00:22:00 处设置"位置"和"缩放"的关键帧

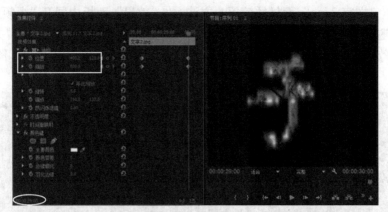

图 7-86 在 00:00:29:00 处设置"位置"和"缩放"的关键帧

图 7-87 "文字 2.jpg"素材由小变大、飞出画面的效果

4. 添加片头与背景音乐

目前，这个实例的主体部分已经编辑好了，接下来的工作就是运用 Premiere Pro CC 2015 自带的"通用倒计时片头"为本实例添加一个片头效果，并适当调整倒计时的时间长度。然后利用多种方法制作各个片段之间的淡入和淡出效果。最后给该实例添加音乐效果并输出为影片。

（1）制作"通用倒计时片头"

1）单击"项目"面板下方的 （新建项）按钮，从弹出的快捷菜单中选择"通用倒计时片头"命令，如图 7-88 所示，然后在弹出的"新建通用倒计时片头"对话框中设置参数，如图 7-89 所示，单击"确定"按钮。接着在弹出的"通用倒计时设置"对话框中保持默认设置，如图 7-90 所示，单击"确定"按钮，此时新建的"通用倒计时片头"会自动添加到"项目"面板中，如图 7-91 所示。

图 7-88 选择"通用倒计时片头"命令　　　图 7-89 "新建通用倒计时片头"对话框

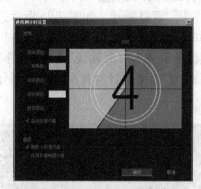

图 7-90 "通用倒计时设置"对话框

图 7-91 "项目"面板

2）将"项目"面板中的"通用倒计时片头"素材拖入到"源"面板中，如图 7-92 所示。然后激活 V1 轨道，使之高亮显示，再将时间滑块移动到 00:00:00:00 的位置，如图 7-93 所示，单击"源"监视器下方的 ▣（插入）按钮，即可将"通用倒计时片头"素材插入 V1 轨道。接着利用"取消链接"命令，解除"通用倒计时片头"的视音频链接，再按〈Delete〉键删除音频，此时"时间线"面板如图 7-94 所示。

图 7-92 "素材源"面板

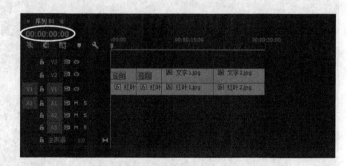

图 7-93 将时间滑块移动到 00:00:00:00 的位置

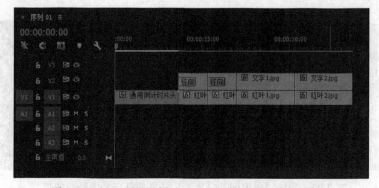

图 7-94 插入"通用倒计时片头"的"时间线"面板

3）此时所插入的"通用倒计时片头"素材过长，会影响整体效果，下面将倒计时从 11s 改为 5s，并从倒数第 5 秒开始计时。方法 选择工具条中的 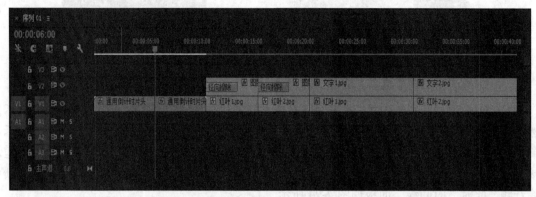（剃刀工具），然后在"时间线"面板的 00:00:06:00 位置将"通用倒计时片头"素材断开，如图 7-95 所示。接着选择工具栏中的 （选择工具）选中断开后的"通用倒计时片头"素材的前半部分，右击，从弹出的快捷菜单中选择"波纹删除"命令，将其删除，此时"时间线"面板如图 7-96 所示。最后在"节目"监视器中单击 按钮，即可看到删除"通用倒计时片头"前半部分后的倒计时效果，如图 7-97 所示。

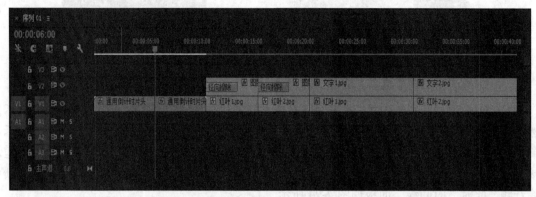

图 7-95　在 00:00:06:00 的位置将"通用倒计时片头"素材断开

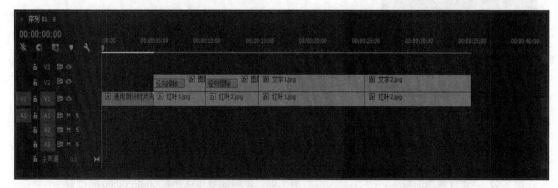

图 7-96　删除"通用倒计时片头"前半部分后的"时间线"面板

图 7-97　删除"通用倒计时片头"前半部分后的倒计时效果

（2）制作各个片段之间的淡入和淡出效果

1）制作"通用倒计时片头"素材到主体部分之间的淡入效果。方法：在 V2 轨道左侧空白处双击，从而展开 V2 轨道，然后选中 V2 轨道上的"图层 1/ 分层文字"素材，分别在 00:00:05:00 和 00:00:06:00 位置单击 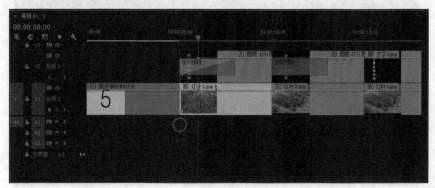 （添加 / 删除关键帧）按钮，添加两个不透明度关键帧，如图 7-98 所示。接着将 00:00:05:00 位置的不透明度关键帧向下移动，如图 7-99 所示。

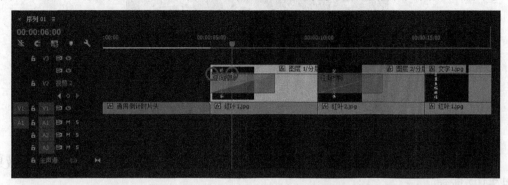

图 7-98　在 00:00:05:00 和 00:00:06:00 处添加两个不透明度关键帧

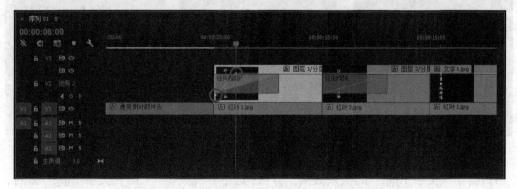

图 7-99　将 00:00:05:00 处的不透明度关键帧向下移动

2）展开 V1 轨道，分别在 V1 轨道的"红叶 1.jpg"素材的 00:00:05:00 和 00:00:06:00 位置，添加两个不透明度关键帧，然后将 00:00:05:00 位置处的不透明度关键帧向下移动，此时"时间线"面板如图 7-100 所示。

图 7-100　添加"红叶 1.jpg"素材的不透明度关键帧

提示：在视频轨道上添加不透明度关键帧和在"效果控件"面板的"不透明度"中添加不透明度关键帧是一致的。如图 7-101 所示为在特效控制台中给"红叶 1.jpg"素材添加不透明度关键帧的显示效果。

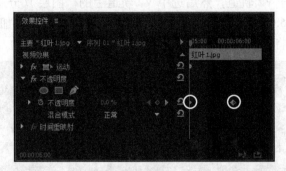

图 7-101 在"效果控件"面板中添加不透明度关键帧

3）在"节目"监视器中单击▶按钮，即可看到 00:00:05:00 ～ 00:00:06:00 之间的淡入效果，如图 7-102 所示。

图 7-102 00:00:05:00 ～ 00:00:06:00 之间的淡入效果

4）制作"文字 1.jpg"的淡入效果。方法：选中"视频 2"上的"文字 1.jpg"素材，然后分别在 00:00:15:00 和 00:00:16:00 位置单击◆（添加 / 删除关键帧）按钮，添加两个不透明度关键帧，接着将 00:00:15:00 位置的不透明度关键帧向下移动，如图 7-103 所示。最后在"节目"监视器中单击▶按钮，即可看到 00:00:15:00 ～ 00:00:16:00 之间的淡入效果，如图 7-104 所示。

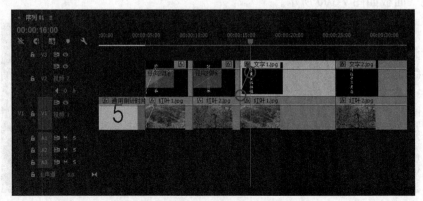

图 7-103 在 00:00:15:00 和 00:00:16:00 处添加不透明度关键帧并对不透明度进行处理

图 7-104   00:00:15:00 ～ 00:00:16:00 之间的淡入效果

5）制作最终的文字淡出效果。方法：选中"视频 2"上的"文字 2.jpg"素材，然后分别在 00:00:34:00 和 00:00:35:00 位置单击 ◎（添加 / 删除关键帧）按钮，添加两个关键帧，接着将 00:00:35:00 位置的关键帧向下移动，如图 7-105 所示。最后在"节目"监视器中单击 ▶ 按钮，即可看到 00:00:34:00 ～ 00:00:35:00 之间的淡出效果，如图 7-106 所示。

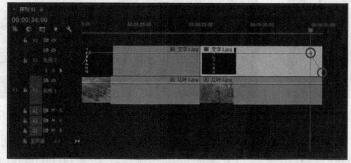

图 7-105   在 00:00:34:00 和 00:00:35:00 处添加并对不透明度关键帧进行处理

图 7-106   00:00:34:00 ～ 00:00:35:00 之间的淡出效果

（3）制作黑场视频效果

在"节目"监视器上单击 ▶ 按钮，会发现在 00:00:15:00 和 00:00:25:00 位置片段转换十分生硬。下面利用"黑场视频"来解决这个问题。

1）单击"项目"面板下方的 ▣（新建项）按钮，从弹出的快捷菜单中选择"黑场视频"命令，如图 7-107 所示，然后在弹出的"新建黑场视频"对话框中设置参数，如图 7-108 所示，单击"确定"按钮。此时新建的"黑场视频"会自动添加到"项目"面板中，如图 7-109 所示。

2）设置黑场的持续时间为 2s。方法：右击"项目"面板中的"黑场视频"，然后从弹出的快捷菜单中选择"速度 / 持续时间"命令，接着在弹出的对话框中将时间长度设为 00:00:02:00，如图 7-110 所示。

3）从"项目"面板中将"黑场视频"素材拖入"时间线"面板的 V3 轨道中，入点为 00:00:09:00，如图 7-111 所示。

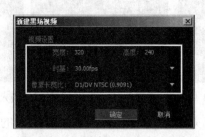

图 7-107 选择"黑场视频"命令　　图 7-108 "新建黑场视频"对话框　　图 7-109 "项目"面板

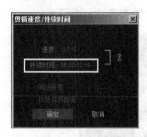

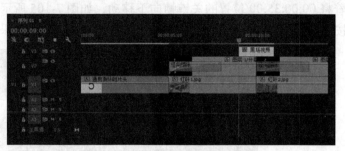

图 7-110 设置"持续时间"　　　　图 7-111 将"黑场视频"拖入 V3 轨道中

4）展开 V3 轨道，然后选择 V3 轨道中的"黑场视频"素材，分别在 00:00:09:00、00:00:10:00 和 00:00:11:00 位置添加不透明度关键帧，接着将 00:00:09:00 和 00:00:11:00 位置的不透明度关键帧向下移动，如图 7-112 所示。最后在"节目"监视器中单击▶按钮，即可看到 00:00:09:00 ～ 00:00:11:00 之间"黑场视频"的淡入淡出效果，如图 7-113 所示。

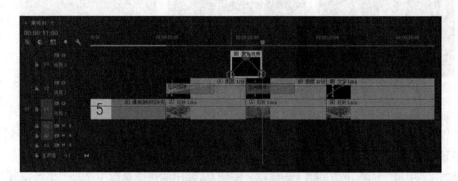

图 7-112 在 00:00:09:00 ～ 00:00:11:00 之间设置"黑场视频"的不透明度

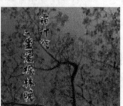

图 7-113 00:00:09:00 ～ 00:00:11:00 之间"黑场视频"的淡入淡出效果

5）从"项目"面板中将"黑场视频"素材拖入"时间线"面板的 V3 轨道中，入点为 00:00:24:00，然后分别在 00:00:24:00、00:00:2500 和 00:00:26:00 位置添加 3 个不透明度关键帧，接着将 00:00:24:00 和 00:00:26:00 位置的不透明度关键帧向下移动，如图 7-114 所示。最后在"节目"监视器中单击▶按钮，即可看到 00:00:24:00 ～ 00:00:26:00 之间"黑场视频"的淡入淡出效果，如图 7-115 所示。

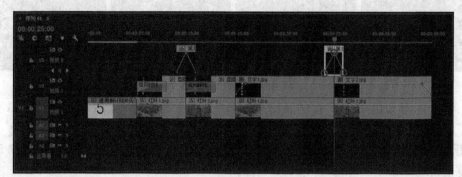

图 7-114　在 00:00:24:00 ～ 00:00:26:00 之间设置"黑场视频"的不透明度

图 7-115　00:00:09:00 ～ 00:00:11:00 之间"黑场视频"的淡入淡出效果

（4）添加背景音乐

1）选择"文件 | 导入"命令，导入配套光盘中的"素材及结果 \ 第 7 章 综合实例 \7.2 制作配乐唐诗效果 \music.wav"文件。

2）从"项目"面板中将"music.wav"拖入"时间线"面板的"A1"轨道中，入点位置为 00:00:00:00，如图 7-116 所示。

图 7-116　将"music.wav"拖入"时间线"面板的"A1"轨道中

3）至此，整个配乐唐诗效果制作完毕，选择"文件 | 导出 | 媒体"命令，将其输出为"配乐唐诗效果 .avi"文件。

7.3　课后练习

1）利用配套光盘中的"素材及结果 \ 第 7 章 综合实例 \ 课后练习 \ 练习 1\ 打字声音 .wav"文件，制作伴随着声音打字的效果，如图 7-117 所示。结果可参考配套光盘中的"素材及结果 \ 第 7 章 综合实例 \ 课后练习 \ 练习 1\ 练习 1.prproj"文件。

图 7-117　练习 1 的效果

2）利用配套光盘中的"素材及结果 \ 第 7 章 综合实例 \ 课后练习 \ 练习 2\ 分层文字 .psd""music.wav""图片 001.jpg""图片 002.jpg""文字 1.jpg"和"文字 2.jpg"素材，制作配乐诗词效果，如图 7-118 所示。结果可参考配套光盘中的"素材及结果 \ 第 7 章 综合实例 \ 课后练习 \ 练习 2\ 练习 2.prproj"文件。

图 7-118　练习 2 的效果

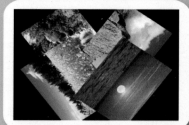

制作风景宣传动画效果

制作多画面展示效果

制作四季过渡效果

制作卷页效果

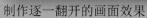
制作逐一翻开的画面效果

Premiere Pro CC 2015
中文版基础与实例教程

制作逐个出现的字幕效果

制作随图片逐个出现的字幕效果

制作局部马赛克效果

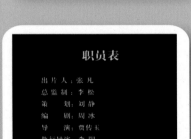

制作滚动字幕效果

制作沿一定方向运动的图片效果

制作多层切换效果

制作变色的汽车效果

制作动态水中倒影效果

制作金字塔的水中倒影效果

制作底片效果

Premiere Pro CC 2015
中文版基础与实例教程

制作画中画的广告效果

制作游动字幕效果

制作金属扫光文字效果

制作自定义视频切换效果

制作水墨画效果   制作沿路径弯曲的文字效果